爱与尊重——与孩子共同成长

为什么你会被气炸

化解养育中那些烦恼

［美］达拉斯·路易斯 著

韩雪婷 译

科学普及出版社

·北 京·

图书在版编目（CIP）数据

为什么你会被气炸：化解养育中那些烦恼 /（美）达拉斯·路易斯著；韩雪婷译 . -- 北京：科学普及出版社，2024. 10. --（爱与尊重：与孩子共同成长）.

ISBN 978-7-110-10771-3

Ⅰ. TS976.31

中国国家版本馆 CIP 数据核字第 2024MB9941 号

版权登记号：01-2024-3652

策划编辑	符晓静　齐　放
责任编辑	齐　放
封面设计	红杉林文化
正文设计	中文天地
责任校对	焦　宁
责任印制	李晓霖

出　　版	科学普及出版社
发　　行	中国科学技术出版社有限公司
地　　址	北京市海淀区中关村南大街 16 号
邮　　编	100081
发行电话	010-62173865
传　　真	010-62173081
网　　址	http://www.cspbooks.com.cn

开　　本	880mm × 1230mm　1/32
字　　数	154 千字
印　　张	7.625
版　　次	2024 年 10 月第 1 版
印　　次	2024 年 10 月第 1 次印刷
印　　刷	北京荣泰印刷有限公司
书　　号	ISBN 978-7-110-10771-3 / TS · 159
定　　价	56.00 元

谨以此书献给我的丈夫杰夫（Jeff）和我们的三个孩子，伊森（Ethan）、艾玛（Emma）和埃利奥特（Elliott）。

如果没有你们，这本书就不可能完成。

作者手记

书中描写的都是关于我和家人的真实故事。在展示孩子们的高光时刻时，我对一些人名做了改动以保护他们的隐私。需要说明的是，书中提供的信息和建议并不能作为医疗诊断或治疗方法，也不能替代专业的护理意见。

目 录
Contents

1 养一只小狗

最近，家里的吸尘器越来越不好用，所以我决定买一台新的。我养了两只狗：大的叫查理（Charley），是一只毛茸茸但超爱掉毛的金毛猎犬；另一只小不点儿（但从不示弱）叫费斯（Faith），是一只卷毛的迷你腊肠犬。光是这两只狗掉毛就已经让吸尘器不堪重负了，我的三个孩子更是给它的毛刷和风扇带来了最具毁灭性的威胁。

电视购物，尤其是那些煽动人心的晚间广告，会让你相信他们出售的产品是唯一可以清除你家里所有灰尘、过敏原和螨虫的机器。这些灰尘、过敏原和螨虫可能正在你新潮的绒毛地毯缝隙里建造一个“污染王国”，而这款设备的吸力惊人，哪怕是一大堆的煤渣也不在话下！它可以帮你做好所有事情！好吧，这听起来确实很不错，于是在一个深夜，确切地说是在凌晨四点，我购买了一台新吸尘器。

当我把吸尘器带回家并开始使用时，竟被它深深地震撼了——集尘罐完全密封，但被塞得满满当当。从罐中收集到的狗毛数量来看，查理没有变成秃狗实属奇迹。大量的狗毛混合着垃圾，看起来真是让人倒胃口。

说实话，家里到处都有狗毛本来就在我的意料之中。毕竟我在美国得克萨斯州休斯敦市的一栋房子里，养了两条爱掉毛的狗，出现这种情况十分正常。但当我开始收拾沙发时，我的震惊和愤怒已经直顶脑门。

给吸尘器换上合适的吸头后，我开始清理垫子之间的灰尘。然而，我马上就遇到了阻力。我探测到的第一件“宝贝”是我 14 岁儿子的一只黑袜子。紧接着传来一阵脆响，是硬币从沙发深处被吸进蜿蜒的软管，最后落进旋风式玻璃集尘罐的声音，刺耳的叮当声恨不得击穿所有人的耳膜。

我又陆续找到四只袜子（没有哪两只能互相匹配）、两张纸巾、五条橡皮筋、三个发夹、一根棉签、一张奶酪包装纸、一支圆珠笔、足够给查理织一件毛衣的头发、一个手机充电器（不带充电线，只有插头）、一张《梨树上的鹧鸪鸟》（*A partridge in a pear tree*，一首圣诞歌曲）专辑，还有一堆总价值 81 美分的小硬币。

当我整理完的时候，其他人都围了过来。查理以为这个活动是新开发的“游戏时间”，于是兴奋地追着真空吸尘器软管乱跑。它并不害怕这台机器发出的可怕噪声，但每次只要车库里的越野车一启动，这只约 60 斤重的大狗就会冲到我的床下躲起来（当然，它想钻到床下也很困难）。

我的三个孩子（加上腊肠犬费斯，顺便说一句，它很害怕真空吸尘器）在楼梯上站成一排，他们透过栏杆上的纱网看向我，好像他们以前从来没有见过这样的东西。这个时候，我满头大汗，就像刚跑完马拉松一样气喘吁吁。其中一个孩子问道："妈妈，你到底在干什么？"

我想回答，却说不出话来。不知道为什么，也不知道从什么时候起，这些娇生惯养的孩子们已经失去了做家务的概念。我在这里辛辛苦苦地捡他们的臭袜子、橡皮筋、乱七八糟的垃圾，还有随手乱扔的小硬币，就在这一刻……

我突然理解了为什么有些动物会吃掉它们的幼崽。

几年前，我离家出走过一次。虽然我也知道，自己已经上了岁数，的确不应该像孩子一样任性地逃开，但由于我完全无法控制局面，心理崩溃也在所难免。尽管我早就明白家长永远斗不过孩子，但在与孩子们的斗争中一败涂地时，还是忍不住痛苦不已。而且，我们之间的"战争"远未结束。

不过，每一个优秀的将领都需要一些时间来调整排兵布阵，以便发起下一次进攻。正当我准备重整旗鼓时，我的丈夫杰夫发现孩子们好像也打算掀起一场大规模的"反叛"。所以他帮我收拾好行李，送我去加利福尼亚州看望父母和姐妹们。

你猜，是什么样的导火索，让我如此狼狈地逃离了眼前的生活？

起因是一个塑料杯。是的，你没看错，就是一个塑料杯。我八岁的女儿艾玛前一天晚上把吃饭时用过的杯子忘在桌子上了。这可不是一个普通的塑料杯。这个粉红色带斑点的杯子，还有一个配套的蓝色情侣款，已经在我们家好几年了。它们用起来很方便，既能放进微波炉加热，也能用洗碗机清洗。这两个杯子很结实，狗狗们都拿它们无可奈何。我几乎可以肯定，它们中至少有一个或是两个全都被割草机和我的汽车碾压过，但它们竟然都没碎！直到那天早上！

我是个习惯早起的人。我喜欢凌晨 4 点起床，因为那是家里一天中唯一风平浪静的时段。在这个特别的早晨，当我睡眼惺忪地走向后门的时候（我猜不会有人刚从床上爬起来就能瞬间清醒），光着的脚踩到了什么湿漉漉的东西，我才猛然睁开了眼睛。

不知怎么搞的，这个看似坚不可摧的粉红色杯子在昨天夜里神秘地碎成了两半，我女儿昨晚喝剩下的牛奶被撒得到处都是。牛奶流进了木质餐桌的凹槽里、椅垫上，还有桌子下面。更神奇的是，厨房瓷砖的水泥缝隙就像是某种超级高速公路，牛奶竟沿着这些缝隙流过了超乎想象的距离，满地都是牛奶渍。

但问题是，这个杯子怎么会一整晚都在厨房的餐桌上？

确实，艾玛非常任性，她想干的事情就必须按照她的方式来处理。在她的概念里，家里的每个人都得伺候她——不管是她的兄弟、父母（我当然不可能这么做），还是她的祖父母以及任何“不幸”来我们家做客的朋友。艾玛上有哥哥下有弟弟，但她确实患有严重的“公主病”，而且是在很小的时候就养成了这些坏习惯。

“公主病”的典型症状之一就是饭后拒绝清理碗盘。她总是声称自己“忘记了”，然后理所当然地把她用过的餐具都留在桌子上。我和杰夫决定做一个小试验，看看在她学会不“忘记”收拾桌面、正常承担责任之前，到底能拖拉多长时间、攒下多少盘子。然而，这个看似绝妙的计划却狠狠地打了我们的脸。在执行计划第一天的凌晨 4 点半，我就已经趴在地上，打扫前一天晚上留下的牛奶战场。

艾玛在自己都不知道的情形下，就赢了第一回合！

在这本书里，我将向读者介绍我的家庭成员，从朝夕相处的家人，比如丈夫和孩子，再到沾亲带故的关系圈，还有许多朋友和熟人。不过，现在我只谈基本的，也就是我的丈夫和 3 个孩子。事实上，我们俩（当我说“我们俩”时，真正的意思是指“我自己”）在短短 26 个月内就有了好几个孩子。让我们冷静地计算一下：3 个孩子，26 个月，不是多胞胎。我要警告大家，这种生育速度对身体和精神都没有好处。到了像我这样木已成舟的时候，身心状态都只会变得更糟。

请不要误解，我爱我的孩子们！任何东西都无法让我用孩子们来交换——嗯，除了有一次，就在那一周，我放下了所有琐事和所有人，换来一张机票、一些机舱零食和我所急需的休息和放松，和姐妹们一起来到了阳光明媚的圣地亚哥。

……※……

既然这本书是关于孩子们的，我想还是应该从他们是怎么出生的说起。为人父母应该做些计划。通过多种多样的方式，你可以决定何时、何地，以及如何成为父母。在当今社会中，有许多可供选择的方案。

方案一：拒绝传统的避孕方式（避孕药、宫内节育器、避孕套），顺其自然地怀孕。

方案二：购买基础体温测量工具包。它可以帮你测量、记录基础体温并形成图表，而且配有解释图表的说明书。如果你选择这个方案，就需要做更多的准备。虽然这个方案很麻烦，但对于你怀孕有帮助。

方案三：去看医生。我知道有一些在读这本书的姐妹希望怀孕能像测体温一样简单。我完全明白，也能理解，也没有低估许多准父母在备孕过程中要面对的困难。我的目的就是在可能出现麻烦的时候让你们放松一点。

方案四：领养。这个方案无疑是世界上最有计划性的养育方式——领养。有些女性由于各种原因在怀孕 6 个月的时候选择终止妊娠，虽然我从没这样做过，但我知道现实中存在这样的情况。但我暂时还没听说过有人在领养中途放弃。你不可能无缘无故就领养一个孩子，这个过程可能会花费数年时间和数千美元，最终，你会得到一个亲手精挑细选的孩子。

在养育子女的每个步骤和阶段，我们都可以从书本中学习、与成功养育者交流，当然，还可以从电视节目中汲取经验。如此一来，我们便能在脑海中确定自己中意的生养方式。我们之所以这样做，主要是希望能更好地为即将到来的使命做足准备：一旦决定“邀请”这些完美的小天使来到人间，把他们带到家里，我们究竟该如何对待他们呢？在经历了三次孕育生命的准备之后，我又能给那些第一次准备当妈妈的女性朋友提什么建议呢？

先养一只小狗吧。

小狗很可爱，需要主人对它高度的关注，当然它也会用无条件的爱来回报主人。最重要的是，你不需要怀孕就可以得到一只小狗。如果你已经养了一只小狗，还想再生一个孩子，那就继续往下读吧。接下来要讲的，就是我的经历。

我从小就很喜欢扮演妈妈。事实上，这也是我长大后唯一想做的事。我曾经有过当老师或护士的梦想，但当我发现自己有严重的晕血症时，就马上打消了当护士的念头。而老师呢，恐怕是这个世界上最不受重视的职业之一了吧。

于是我又回到了最初的人生规划：嫁给我的梦中情人，组建一个完美家庭，就像那些经常出现在电视剧、电影里或是登上《家政》[1]（*Good Housekeeping*）和《家庭圈》[2]（*Family Circle*）杂志封面的家庭一样。然而，如果我在20年前就知道现实家庭生活实际上更像是马戏团，而不是梦想圈，也许我会更加坚持去读护理学校的想法！

在父母的四个女儿中，我是最年长的。我和三个妹妹的年

---

① 美国一份内容保守的妇女杂志。——译者注，下同

② 美国知名的女性杂志之一，帮助女性读者塑造快乐的家庭。

龄相差很大，这让我有机会在她们还是小婴儿的时候，就同她们来玩“过家家”。我给她们梳洗打扮、喂饭，甚至换过尿布，而且是很多很多尿布。也可能有一两次，我不小心让她们中的一两个从床上摔下去过（对不起，妈妈，现在你知道妹妹当时是怎么了吧！）。对父母来说，我就是家里天生的育儿保姆。

但是，照看别人的孩子和照看自己的孩子有一个最大的不同，那就是当我觉得小妹妹们太难管教时，我就可以把她们交给母亲。但当你照顾自己的孩子时，这就是义不容辞的责任。没有人能做你的替补。我必须承认，直到医院让我把第一个孩子带回家时，我才完全理解了这种责任的意义。只不过，那时已经由不得我后悔了。

这本书要讲述的是我如何在原始的生育冲动驱使下坚持到现在的。你将了解到，当杰夫和我面临养育三个孩子时，我们的世界发生了什么变化。我祈祷读了这本书的女性朋友能从这些经历中找到安慰，因为你会知道，自己并不是唯一一个正在忍受创伤后应激障碍或对某次“剁手”后悔不已的人。尽管不是绝对，但这两种情况带来的郁闷感和养育子女差不多。

我想帮助读者顺利地度过养育孩子的过程，尤其是当孩子们还小的时候。值得庆幸的是，我的孩子们已经长大了，不再是书里讲到的那些“淘气包”。虽然他们仍然有很多事情需要我操心，但至少我晚上能睡得很好，再也不用爬起来换尿布了。

为人父母确实是我们一生中非常有意义的经历之一，但如果身为父母却不合格的话，它也会是令人心碎的经历之一。孩子们都希望，父母不仅是他们的朋友，不仅是快乐的源泉，也不仅是他们扮酷的资本，孩子更需要我们成为合格的父母。

所以，请坐下来，冲一杯咖啡，听我讲述生活中的考验和磨难，但愿我会带给你一点希望和鼓励，同时也带去一些幽默和放松。

2

晕头转向和换尿布

结婚六个月后，我就开始动了生孩子的念头。一天晚上，我向杰夫宣布，我认为我俩需要“开始努力”一下。看得出来，杰夫调动了他所有的“直男”智慧，隔着餐盘茫然地盯着我，问道:“努力什么？”真是无语。

我解释说，我已经准备好要孩子了，并询问他对于生育的看法。他无话可说，但是毫无意外，他完全兴奋地投入了“努力”的过程。

第一次在妊娠试纸上看到两条粉红色的线时，我立即买下了市面上能买到的所有关于怀孕和育儿指导的书籍。我要充分了解我体内正在发生的奥秘。当然，我在高中上过生理课，但那似乎是很久以前的事了。

可惜的是，这些书并没有起到多大作用。事实上，它们不仅没有提供什么指导性意见，反而用各种危险警告和恐怖故事来吓唬我。比如，因为在发现怀孕的前一周吃了寿司，那我的孩子就有 0.00002456% 的概率会吞并他另一个双生兄弟 / 姐妹的胚胎。还有，那些我为了缓解极度恶心而服用的药物，如果真的发挥作用的话，孩子就可能会缺胳膊少腿！

我还给杰夫也买了一些书，来指导他如何在妻子怀孕期间疼爱她、如何扮演好第一次当爸爸的角色，当然还有那本被每一对夫妇奉为孕养“圣经”的《海蒂怀孕大百科》（*What to Expect When You're Expecting*）和《海蒂育儿大百科（0–1 岁）》（*What to Expect the First Year*）。我并不确定杰夫是否真的读过这些书，我也只是大概浏览了一下。在休斯敦湿度很低、气温又很适宜的日子里，我们总是把这些书当作门挡，用来抵住房子的前门和后门。因为这么厚的书完全可以防止风一下子把门“砰”地吹上！

我很快发现，并不是所有人都觉得在女性体内孕育出新生命是一项奇迹。嗯，如果非说是奇迹的话。我还发现，别人夸赞你所谓的“孕味十足”，只不过是作为孕妇一天呕吐 42 次以后，额头上渗出晶莹的汗珠。说真的，我曾经连续 26 个月保持这种“孕味”。

第一次怀孕的时候，我的心情非常激动。虽然有些不知所措，但是仍然激动不已。女性第一次怀孕的时候，可能会不由自主地畅想未来的生活有多美好。同时还会产生各种错觉，或是幻想和孩子一起去做很多事情（但实际上你根本不会那么做）。你会忍不住在脑海中仔细梳理身边的朋友们在育儿过程中犯下的小错误，而且信心满满地认为自己可以做得更好。比如，我的孩子才不会在公共场合做出那样的行为！而且，我也绝不会用一些小恩小惠来代替适当的管教。

让我们看看孕妇的现状：孩子还在肚子里，家里没有其他小孩子在跑跑跳跳，目前的生活的确很美好。荷尔蒙会让人产生幻觉。当你怀上第一胎时，有的是时间来沉醉于这个小宝贝会有多完美的想象中，想象孩子在万众瞩目下轻轻松松地来到这个世界。你也仍然有心情与爱人来一次深情对视，哪怕他糊里糊涂地把你怀孕前的牛仔裤塞进了预先送到医院的待产包里，你也不会和他生气。

我只能说：继续做梦吧。

接下来我就要告诉你一些其他朋友可能不会告诉你的事情。哪怕是你最喜欢的电视剧可能都在欺骗你。所有孕妇都是那些有着完美孕肚的漂亮女人吗？这在现实生活中其实很少发生。电视剧里的女人无外乎有以下几种情况：①她们实际上并没有怀孕；②她们花了几个小时做头发和妆效，因为如果制片人让一个真正的孕妇带着真正的“孕味”上节目，收视率就会大幅下降；③她们根据家中其他孕妇的情况假装“怀孕”很长时间，然后在适当的时机“一朝分娩”。

回到现实吧：怀孕的时候，你的胸部会胀得像西瓜。我可不是在开玩笑，一碰就疼。生产之后，你不妨申请一下吉尼斯世界纪录。我生完第一个孩子伊森时，胸围就从怀孕前的B罩杯变成了产后的EE罩杯。

当时，我感觉杰夫震惊得连眼球都要掉出来了。胸部过大对我的困扰甚至一度严重到没有手杖就不能直立行走的程度。

现在，这边的医院会让产妇住上足够长的时间，以确保孩子能够在育儿中心得到适当的早期照顾。尽管在成长过程中我经历了这么多，但当时还是很害怕把伊森带回家照顾，只有我亲爱的丈夫支持我。护士们鼓励我说，杰夫和我都很能干，完全可以应付这些事情。

三天后，事实证明，她们过于信任我们的育儿能力了。我之前提到过，我是和三个妹妹一起长大的。上帝有一种奇妙的幽默感，我的第一胎伊森是个男孩。男孩和女孩在生理上大相径庭，因为男孩有一个外露的生殖器，需要格外小心。

出院前，儿科医生给伊森做了包皮环切手术。她到病房来，非常认真地告诉我们，我们需要帮孩子进行护理和清洁。我听了晕头转向，杰夫脸色苍白。显然，我们谁也不会是一名好护士。

为了保持环切后的包皮美观、干净，医生在伊森的阴茎顶端放了一个环。接下来的几天里，这个环会自行脱落。我们需要做的，只是帮他保持干净。这听起来很简单，对吧？事实绝非如此！

我把这一切问题的根源都归咎于睡眠不足。婴儿哪怕睡着了也十分吵闹。他们发出各种各样的咕噜声和呻吟声，让新手妈妈们认为他们饿了、尿了，或是醒了，必须马上去照顾他们。

现在让我告诉你们：婴儿都是边哭边醒来，没哭的时候就是没醒。但当时作为一个新手妈妈，我还不知道婴儿睡梦中发出的咕噜声和饥饿的哭声之间有什么区别。因此我连续一个星期没办法好好睡觉。直到现在，每当我想眨眼或是闭上眼睛时，仍然感觉眼皮里像是有张砂纸一样酸痛。亲爱的朋友们，那真是一种可怕的感觉。伊森大约一周大的时候，只要他一发出声音，我就会爬起来。我给他换尿布，再从一侧给他喂奶。（关于母乳喂养我也有话要说。刚开始喂奶的时候，感觉就像是乳房被一台刀片最迟钝的绞肉机以最慢的速度给搅碎了。）喂奶之后还要再给他换一次尿布，因为这孩子每次吃完奶都会拉屎。那段时间我经常累得边换边哭。

换尿布时伊森十分不配合。他讨厌这件事。我也不知道这究竟是为什么。可能是因为换尿布时冷空气吹得他屁股发凉，也可能是他不喜欢被脱光的感觉，还可能是他不适应我在换尿布时必须把他放下。谁知道呢！反正每次换尿布他都会大哭、尖叫、双腿乱蹬，有时还会尿到我身上。

到了出事的那个晚上，疲惫已经让我的反应变得有些迟钝。当他乱踢的时候，脚后跟恰巧刮住了尿布的边缘，尿布又勾住了包皮环的内侧，一下就把它扯下了一半。我尖叫一声，伊森更是尖锐地嚎哭了起来。而在此之前，杰夫一直在离我们不到 2 米远的地方安静地睡觉，我们俩的哭喊声吓得他差点儿心脏病发作。

事情是这样的，自从我们把伊森带回家后，每天晚上杰夫都睡得很踏实，跳过了喂奶、换尿布、检查孩子是否还有呼吸之类的环节，然后第二天早上眨着明亮清澈的眼睛微笑着询问我：“孩子昨晚还好吗？”

不过，我终于给了他一个无法淡定的夜晚。我歇斯底里地尖叫着：“他受伤了！他受伤了！”而伊森尿得到处都是。

刚从沉睡中惊醒的杰夫显然还搞不清楚状况。即使是在20年后的今天，我仍然对当时杰夫的表现感到震惊。我让杰夫去帮孩子把包皮上的环弄下来，因为我做不到，这太可怕了。杰夫鼓足勇气，总算弄好了。

伊森没有大碍。令人惊讶的是，一切都完好无损。我又把他哄睡着了，三个人一起熬过了那个晚上。但有趣的是，接下来的三年我还是无法睡个好觉。

对我来说，睡眠变成了奢侈品。

我祈祷下次能生个女孩儿。

我很庆幸伊森是个天生的“干饭人”。这孩子能吃能喝的！我从来没有专门听取什么“专家”的建议，每隔两小时或四小时才喂一次奶，或者成为随便什么最新、最伟大准则的拥趸。我甚至不确定那些所谓的专家到底有没有抱过孩子，更不用说他们自己有没有生过孩子了。

我没有计算过伊森到底喝了多少母乳，但从胸部零乱的妊娠纹来看，我也能估算出个大概。最重要的是，只要他看起来饿了，我就喂他。在喂奶过程中，我发现自己可以用一只手做很多我以前认为需要用两只手做的事情，比如，我可以单手吃饭、单手铺床，如果确实需要，我也可以在抱着孩子喂奶的时候去洗手间。

这孩子爱吃！我就是他最喜欢的粮仓和奶嘴的合体。但在伊森大约五个月时，有一天突然开始拒绝吃奶。我不确定这是怎么回事。他一直在长大，而且很健康。他一直盯着餐桌上的土豆泥，所以我猜也许他只是饿了，想要吃点大人吃的东西。

伊森不想再吃奶了，这让我很失望。我已经为第一个孩子做了大大小小的计划，甚至把他的一生都规划好了。我打算母乳喂养他一年（至少我自己是这么想的），因为这对他来说是最有益的。而且，我身边的每个人都赞同这种观点。我真的很享受母乳喂养的过程。当我度过了最初几周的极度痛苦之后，我开始爱上喂奶的感觉了。我喜欢和孩子亲密无间、互相依偎的时光，这种感觉很特别。

在确定伊森不再吃奶的大约六周后，我突然意识到，“大姨妈”月经一直没来造访。当时我并不担心这一点。我心想着也许是身体还需要一点时间来进行产后恢复。

又过去两个星期，我还是没有来月经，于是我给医生打了电话。他建议我做一个怀孕测试。为什么要测怀孕？我才生了一个孩子，刚度过哺乳期。我根本不可能怀孕。

然而我错了。

显然，将母乳喂养作为一种可靠的避孕方式纯属无稽之谈。即使在哺乳期间，若是同房，女性也完全可以怀孕。但是，伊森却比我先知道我怀孕了。由于怀孕新的荷尔蒙涌入我的身体，改变了奶水的味道。这就是他突然拒绝吃奶的原因，他不再喜欢奶水的味道了。

因此，我们很快就要迎来第二个孩子。太棒了。两兄妹的年龄很接近。到 8 月，伊森即将满一周岁，而家里的第二个孩子将在 10 月出生。大家可以自己算算。

杰夫和我庆祝结婚一周年纪念日的时候，我已经怀上了伊森。在我们庆祝结婚两周年纪念日的时候，我正怀着艾玛。我们结婚前只约会了 7 个月，也就是说，从杰夫认识我以来，我怀孕的时间比没怀孕的时间还长。

我并不是大多数人所说的“享受型孕妇”。虽然没有出现各种凶险的症状，但我的身体根本无法很好地适应孕期。怀孕对我来说很顺利，但当我在厨房里做甜点时，我会觉得自己真的是世界上最难受的人之一。我越难受，身体就越出现脱水症状；我越是脱水，就越需要跑去医院输液。这种恶性循环把我推入了“高危产妇”的行列。还记得我说的“孕味十足”吗？我的孕味一直都十分诡异。

在结婚的前一年半里，我们夫妻两边都没任何家人住在我们附近。这让我的生活过得非常艰难，因为我既要努力看护一个活跃的伊森，还要面临怀着艾玛的挑战。那段时间，我的父母住在距离我们两个半小时车程的奥斯汀，他们忙着打理两家餐馆，还要照顾我当时分别在读初中和高中的三个妹妹。

我们的其他亲属都住在外州，包括我的婆婆卡罗尔（Carol）。她的家在伊利诺伊州芝加哥市以南。自从她的第一个孙子出生后，来得克萨斯照顾新生儿的重任就落在她的肩上，她越来越难以置身州外。在伊森一岁以内，卡罗尔每个月都往返一次，过来帮我照看孩子，这也为美国航空公司的业绩增长做出了“巨大贡献”。

有一次她按期来休斯敦帮忙，其间我闹出了一次“早产乌龙”。在去机场接卡罗尔的路上，我被困在休斯敦的拥堵车阵中。突然我开始出现假性宫缩[①]（Braxon Hicks contractions，假阵痛），至少我是这么认为的。因为怀伊森的时候，我已经体验过同样的感受，所以这次怀着艾玛时，我并不担心这一点。

我当时还很庆幸，自己被困在环城8号公路上，因为这让我有闲暇记录宫缩时间。当时我注意到宫缩正好是间隔十分钟一次的规律。我的老天。休斯敦的大塞车真是早产的噩梦之地。如果我不得已在车里生下这个孩子，那等到堵车解除的时候，她也许都该上初中了。这当然不行。我打电话给医生，告诉他我要去接我婆婆，然后就到医院找他。

这没什么大不了的，对吧？

当车流开始移动，我终于接上卡罗尔的时候，我的宫缩已经缩短到每隔6分钟一次，而且越来越强烈。我不免感到紧张，把车开得飞快，差点把婆婆摇晃得吐出来。我告诉她我没法儿帮她拿行李，因为我就要生了，我们必须得快点儿到医院。老实说，我心里真的埋怨了她一万遍！

在去医院的路上，我给杰夫打了一个电话。他刚开完一个

---

① 也叫布雷希氏收缩，部分孕妇在怀孕的第七个月左右，子宫持续数十秒到数分钟不等的突然收缩，时间短暂且无痛苦，多在劳累后出现，该症状被看作是子宫肌肉通过收缩来为即将到来的分娩做准备。

商务会议，从两个小时路程之外的地方出发，驱车飞驰的速度很可能打破了所有陆地生物的最快纪录。一到医院，我就恢复了理智，在门口停下车，换卡罗尔来把我的越野车停好。我想不通为什么这一路上还是我在开车。也许是我的控制欲太强了……

此时宫缩 5 分钟一次，开始计时。是时候紧张了。

这个婴儿想出来得太早了。六个半月显然不是最好的降生时机。

只过了 3 分钟，宫口就扩张了 2.5 厘米。护士们立即给我进行了静脉注射，药物缓缓流进我的血管。我的心率加快，宫缩也停止了。肚子里这个有思想的女宝宝好像很迫切地想早点儿与我们见面。

医生对我大发雷霆。威尔逊医生（Dr. Wilson）是我怀孕期间见过的最温和、最善解人意的男人。但在那天，我却没有感受到他的丝毫温和与善解人意。

他指责我："你已经觉得不舒服了，还是坚持去机场？为什么不来这里？赶紧卧床休息。"

医生严格禁止我下床活动。但我讨厌静止不动，也讨厌别人叫我保持不动。更糟糕的是，身边还有人看着我。卡罗尔就站在我的床边，她答应医生只要她在这里，就会看着我，不让我下地走动。为此，她还特意多住了一个星期。

事实证明，艾玛有点儿缺乏耐心。从她还在我肚子里时，就想按自己的方式做事，现在依然如此。最后，她一直在我肚子里待到临近预产期（大约提前三周）才出世。回想起来，如果当时早产了，那可能真是我的错。

温馨提醒：除非你想急产，随时准备和新生儿见面，否则孕期不要摄入蓖麻油。我之前听说蓖麻油可能会导致孕妇急产，但是没想到会这么快。我还得再说一句，虽然我已经受够怀孕了，但仔细想想，那几年我一直在怀孕。

生艾玛的时候，从第一次宫缩开始到她出世，只用了两个半小时。去医院的路上杰夫超级兴奋，载着我风驰电掣，因为他内心一直幻想着能像马里奥·安德雷蒂[①]（Mario Andretti）那样飙一回车！不过，我担心的是，如果他要在汽车前座和他的女儿见第一面的话，可能就必须转换角色，从开快车的马里奥变成懂接生的“惹火先生”[②]（McSteamy）。

我再给读者提供一个温馨的小建议吧。对于那些考虑顺产的女性朋友，这条建议对你们尤为重要。用镇痛泵吧。我有两次生孩子时使用了镇痛泵，一次没有。听我的，只要医生给你开好剂量就马上使用。麻醉师会成为你最想感激的人。而且，你每按动一下那个神奇的小按钮，就会越来越感激他。在这一点上，请相信我。原因你懂的，我生艾玛的时候就没来得及用。

没用麻醉就直接生孩子是世界上感觉最奇特的事情。这并不神奇，也不具备启发性。经历疼痛的顺产也并没有让我觉得

① 一名有意大利和美国双重国籍的车手，是美国汽车运动历史上出色的车手。

② 美剧《实习医生格蕾》中的一位医生角色。

自己更像个真正的女人。我只是没时间用镇痛泵了。但分娩后我确实感觉好了很多。我可以站起来四处走动，我能感觉到自己的腿还在身上。产后的感觉还不错。但我不能骗你，生产的过程真的很难熬。

晕头转向和换尿布成为家里的常态，这是千真万确的。我们有两个小宝宝，他们既健康又快乐，更重要的是，他们还是一男一女，完美搭配。生活很美好，但我们累惨了。卡罗尔仍然会过来照顾我，而且这次停留的时间比平时更长，这让我非常感动。但我仍需要其他人的帮助。

杰夫变成了一个亲力亲为的父亲。他不像第一次当爸爸那样害怕，终于敢抱起第二个孩子了。伊森还是个新生儿的时候，每次一哭闹，杰夫就会把他举到一臂开外，就好像这个孩子是一颗炸弹，随时可能爆炸。不过，他逐渐意识到婴儿只是爱哭，并不会爆炸。所以把他们抱在身边不仅是安全的，而且是明智的。因为在大多数情况下，父母的拥抱会让孩子安静下来。

我们还谈论过他要不要约一下男科医生去做结扎手术。我们（尤其是我）已经对养育这两个孩子拼尽了全力。我们不需要再生孩子了。我们做得很好，至少我们自己是这么想的……

在每个人的生命中都有一个关键时刻，让你有机会做出选择。我将永远记住属于我们的那个时刻。

艾玛还不到六周大的时候，有一天，杰夫正忙着收拾行李，准备出差一周。那时他经常出差，每周都会有四到六天在外面，也就是说，一个月中会有两到三周都不在家里。当他不在的时候，家里就一片忙乱。

卡罗尔仍在我们这里帮忙，她带着孩子们出去晒太阳，所以家里只剩下我和杰夫两人。要知道，我们家里很少有这么清静的时候。吻别后，他心满意足地离开家，开启了为期一周的出差生活。我独自享受剩下的时光，也觉得轻松不少。

生活似乎步入了正轨。卡罗尔表示，她要搬过来和我们一起住。伊森逐渐适应了艾玛的陪伴，艾玛也在积极适应外界。我同样适应了拥有两个孩子的生活。杰夫也预约好了专门的男科医生。

后来，艾玛突然不吃奶了。

我差点晕过去。

我真的不想自己去商店买试纸。我不得不打电话求助于我的朋友——安（Ann）。很快她就带着两盒测孕试剂外加一根验孕棒上门了。我马上拿了一张试剂——阳性。我喝了一大杯苹果汁，又测了第二次——更明显的阳性。

我坐在浴室的地板中央哭了起来。

我一直等到第二天早上，才又做了第三次也是最后一次测试——强阳性。我真的是“怀孕大王”。我不得不告诉杰夫。我是说，我真的瞒不了他。巧的是，这一天正好是他预约做结扎的早晨。我把三份测试结果都放在浴室台板上了。他脸色煞白，一屁股坐到我平时化妆的椅子上。他在那儿坐了整整十分钟。他先是看看我，再看看测试结果，然后又看看我，无可奈何地摇了摇头。

……※……

杰夫对于陪我去看医生已经轻车熟路。每次他都看着我安静地脱掉衣服，拿起一张比大号烧烤垫纸稍小一点的东西盖住自己，然后爬上冰冷的金属检查椅，等待（漫长的等待）医生走进房间。

但到了杰夫自己接受检查就完全是另一回事。这个家伙每脱一件衣服，就张嘴咕哝、咒骂或是抱怨一次。

解开腰带时，他说："这太荒唐了。"

解开衬衫时，他说："这里太冷了。"

解开裤子的纽扣时，他看着我说："你——不打算转过去吗？"

当他发现自己在脱裤子之前忘了脱鞋时，又嘟囔着一些自嘲的话。

他爬到检查椅上，试着把那张小小的"烧烤垫纸"放好（但并没有成功），以便遮住自己的关键部位，然后又开口了："这该死的东西太小了！根本盖不住。"

他坐立不安地问："我还要在这儿坐多久——"

这时医生走了进来。

斯奈佩特（Snippet）医生问道："早上好，路易斯先生。今天早晨感觉还好吗？"

杰夫回答他："挺好的。"

“很好。”医生看了看预约单，“今天你是来做输精管结扎术的。你确定吗？”医生问完又看了看我。

杰夫咬紧牙关，万分严肃地回答：“很确定。她今天早上告诉我，她又怀孕了。”

斯奈佩特医生倒是很兴奋，“太棒了！恭喜你们！你们有几个孩子了？”

我说：“这是第三个了。我们的儿子一岁，女儿八周大。你快给他做手术吧。”

斯奈佩特医生便说：“哇，那我们开始吧。现在，路易斯先生，你需要躺下来，把脚放在脚蹬上，让我来检查……”

我忍不住笑了起来。我知道这不太厚道，也有点儿疯狂，但说真的，我当时真的高兴得要死。多年来，我一直听杰夫告诉我，这种检查没什么可难堪的。直到现在轮到他自己把脚举高放到脚蹬上，才会明白什么叫作“风水轮流转”。

短暂的检查之后，杰夫对我在孕检中所经历的一切有了全新的认识。但也不要为他感到太难过，毕竟他的痛苦只是一时，而且比我熬过的痛苦要轻松得多。

……※……

事实证明，第三次怀孕时出现的问题比第一次和第二次加起来还要多得多。我的身材很瘦小。驾驶证上的信息显示，我身高只有 1.6 米。如果我穿上大码童鞋，看起来也没什么不对。我好像还有点扁平足，我也不太确定。即使现在胸部肿胀无比，我的体重仍不足 100 斤。

所以你可以想象，当我刚生产完不久，发现瘦掉的并不是浮肿而是实际的体重时，其他人有多么惊慌。在我第三次怀孕的头三个月，我又迅速地瘦了 15 斤，不用多说，我只能再一次来到医院。善良的威尔逊医生对我这么快又怀孕感到非常恼火，但他还是决心要帮我成为一个健康的妈妈，坚持到足月再生下一个健康的宝宝。因此，在给我输液后他没有让我回家，而是留我住了院。我的孕吐十分严重，于是他让我在北区一个名叫圣卢克医疗中心（St. Luke’s Medical Center）的小疗养院住上几周。

如果埃利奥特（这是我第三个孩子的名字）是我的第一个孩子，那他一定是我唯一的孩子。

最让人难以忍受的是荷尔蒙飙升。荷尔蒙会使女性的行为举止偏离正常的社会行为模式。当这个女人怀孕时——你更要多加小心，千万不要惹她！现在她的身体里正在发生一场化学物质的世界大战，而她完全无法控制局面。

每次我被困在医院的病房里的时间都不会短于一个星期。这使得我几乎无法照顾留在家里的两个孩子。我很感激我的婆婆卡罗尔，她在家里帮我收拾烂摊子，那些场面我甚至连想都不敢想，更不用说身体力行了。

杰夫也很艰难。他仍然每周出差好几天，回家时也只能住在书房里。他的妻子只能躺在城市最偏远的医院的病床上，这更给他增加了许多不便。

我的“假期”给我们的婚姻增加了巨大的压力。我要告诉你们，姑娘们，对自己的丈夫感到沮丧是完全正常的。杰夫对我也无所适从，可我也不知道该如何改变现状。我身上连接着好几个不同的监视器和控制仪，以监测我和胎儿的心率。我的血压很低，必须时时监测。大量的静脉输液后，我走起路来脚下绵软无力，想离开医院几乎是不可能的。因此，杰夫不得不来照顾我。

大家有没有遇到过这样的情况，在棘手的情况下，你如果能控制自己保持沉默，结局就会更好。我依稀记得很久以前祖母对我说过的话，她说，“达拉斯，当你觉得一开口就要惹是生非时，那就什么也别说。”我本可以听从这些至理名言，但我没有按照光明的指引行事，而是选择了一条更黑暗、更凶险的道路。那天晚上，我实在是压抑不住内心积聚的疯狂情绪，我和杰夫——这两个高度紧张的人在产科楼的一间病房里大吵了一架。

事情大致是这样的：杰夫过来看望我，不过，说实话，在这个特别的晚上，他的到来让我感觉更像是一种“我必须来这里，因为你是我妻子”之类的敷衍。无论如何，我见到他并不激动，他也没有因为看到我而兴奋不已。我们俩都说了一些不该说的话，而楼层护士则在一旁看热闹。

回想起来，“看热闹”这个词可能没法真正或充分地反映出我们之间唇枪舌剑的激烈程度。我们的争吵更像是一场百老汇盛典，或者是好莱坞动作大片。最后我告诉杰夫，我不需要也不想要他的同情，而且，如果他仅仅是出于道德才来看我，那他完全可以离我远点儿。

他没再说什么，转身走了出去。门在他身后“砰”的一声关上了。我的大脑一片空白。每段婚姻，每段感情，都会经历类似的事情。生活的巨大压力会碾碎我们的温柔，那些本应该被时光冲走的情绪垃圾也会在一瞬间脱口而出。杰夫承受着巨大的压力。他既要做妈妈又要做爸爸，还要在得克萨斯州的两个不同城市经营公司的业务，更要照顾他的母亲（那时婆婆已经和我们住在一起了），除此之外还要担心我和我肚子里的孩子。

对于杰夫来说，这些无疑都是非常沉重的负担。但我也肆无忌惮地为自己大吐了一番苦水。我辩驳说，我不能在家照顾那两个孩子，是因为每次我只要走两步以上，就会呕吐不止。我筋疲力尽、脱水严重，又饥肠辘辘。我已经被困在这张病床上太久了，连我自己都不记得有多长时间了，但只要在医生没有想出什么绝妙的办法之前，我就必须一直躺在床上，直到生下这个孩子！

所有这些压力在高激素水平的发酵下，就像大规模杀伤性武器一样，让我们之间爆发了一场天崩地裂的争吵。杰夫和我都已经忘了当初我是在什么样的美妙氛围中怀孕的。

幸运的是，医生确实想出一个了不起的解决方案。他在我腿上装了一个类似胰岛素泵的东西。别误会，我没有患上妊娠期糖尿病。但是这个神奇的小泵可以像给糖尿病患者提供胰岛素一样，给我提供止吐的药物。简而言之，这是我离开圣卢克医疗中心的底牌。这个泵每隔七分钟就给我的腿上注射一次药物，让我有充足的时间陪孩子们玩耍。这种方法虽然没能完全治好我的呕吐，却给我提供了巨大的帮助。

回到家里，我与家人的距离比我在圣卢克医疗中心的病房时要近得多。杰夫跟我也很快和好如初。我们意识到，这段时间我们的精神都高度紧张，情绪韧性被拉伸得太紧绷了。结婚并不是生活中最让人难以适应的事情——生孩子才是。在怀埃利奥特的整整 9 个月里，我虽然病得像只可怜的流浪狗，但还是生出一个非常健康的 7 磅重男婴（生产日期只比预产期提前了三周）。这个孩子有他自己的计划和目标。他是我生命中活生生的奇迹。

睡眠不足的迷雾仍然笼罩着我的大脑，但我总是想起那次的包皮环损坏事件，于是这次照顾新生儿就小心了许多。埃利奥特平稳度过了生命的前两个星期，几乎没有发生任何意外。我们把他带回家，让他见见一岁零八天的姐姐和两岁三个月的哥哥。你们猜，哥哥姐姐为他准备了什么家庭欢迎仪式？艾玛把电视遥控器扔向埃利奥特，正好重重地砸在他的头上。显然，她更想要个妹妹。但我坚决表示，她不会如愿了。时至今日，她仍然坚持要个妹妹，并对此耿耿于怀。

……※……

埃利奥特回家后的最初几周，我开始感到不知所措。我知道你们在想什么，一定是在讽刺我，现在感到不知所措，当初生那么多孩子的时候在想什么？事情是这样的，我婆婆下了决心，既然休斯敦成了她的新家，那么她就需要考虑在这里找一份工作。杰夫仍然一周有好几天都在出差，也就是说一个月的大部分时间都不在家里。所以我必须独自在家照看三个小孩儿——实际上是独自在家照看三个小宝宝。

埃利奥特觉得，大声哭闹比默默哭泣更好用、更奏效。声明一下，婴儿的哭和闹是有本质区别的。唯一能让小小的他安静下来的方法就是给他吃奶。一天早上，我刚在沙发上坐好，深吸了一口气准备让自己平静下来（然而并没有），把埃利奥特最喜欢的乳头塞进他嘴里，就听到厨房里传来玻璃破碎的声音。

孩子们十分聪明，尤其是在他们的地盘上就更加狡猾。我们花点时间来欣赏一下他们的小聪明和创造力。比如，伊森和艾玛知道，当我摆好姿势，用各种沙发靠枕支撑（并固定）好身体，准备给婴儿喂奶时，就无暇顾及他们那些淘气的恶作剧。

但他们错了。

我立刻强行把埃利奥特从身边推开，这让他瞬间开启了歇斯底里的哭喊模式。我从沙发上跳了起来，发现伊森和艾玛站在厨房的桌子上，盯着地上一个红色花瓶的碎片。乱七八糟的花撒了一地，我想，我早就应该扔掉它了。

他们是怎么把花瓶推到地上的并不是我关注的重点。我把火力对准两岁的儿子，同时像蜘蛛侠一样从椅子上跳过酒吧凳再跳过另一把椅子，来到他们身边。“别动！”我尖叫起来。“站在那儿别动！伊森，你做了什么？为什么让你妹妹上桌子？”

没有人回答。

有人发现这些行为有什么问题吗？首先，伊森才两岁。他表现得像个正常的两岁孩子。和大多数两岁孩子一样，他会拖着一岁的小妹妹爬上桌子，并偶尔碰翻花瓶。

相比之下，他的妈妈表现得像个癫狂的疯子。这个角色是《高山之王》[①]（*King of the Mountain*）的即兴扭曲版本，背景还伴随着一个婴儿震耳欲聋的啼哭小夜曲。伊森脸上困惑的表情本应该让我醒悟过来，但当时我头脑中的理性想法已经荡然无存，只剩“怪兽妈妈”在大发雷霆。

我疯狂地咆哮、指责，重重捶打着家具，对着地上的碎玻璃大呼小叫，似乎期待着两岁的儿子能解释清楚花瓶破碎的原因。当然，这是不可能的。

我像抱足球一样抱起两个孩子，避免踩到玻璃碎片，小心地离开厨房，把他们放到楼上安全的地方。然后我重新坐回沙发上，试图安抚那个大哭的小家伙。

你们可能会以为，既然我喂养了三个孩子这么长时间，我的乳房应该已经完全习惯了作为食物来源而需要承受的不断抽吸。但完全没有。伊森和艾玛在楼上哭着，一方面是因为他们

① 一部 20 世纪 80 年代的经典飙车电影。

被像要喷火的母亲吓坏了，另一方面是因为他们被赶到楼上去了，而我和小弟弟还坐在沙发上。但是，沙发上的我俩也都在哭。埃利奥特先大力吮吸五下，松开嘴，然后继续哭，我盘腿坐着，也跟着哭个不停。

喂奶喂了很久。我坐在沙发上抽泣着，不知道怎么会把自己弄得如此狼狈。而且，还有更重要的环节等着我：喂完孩子后，我必须要清理厨房地上的玻璃。

我清理了碎玻璃，好在没有伤到自己和其他人。埃利奥特哭个不停。我把另外两个孩子从楼上放出来，但他们却躲我远远的。我的生活像是一个彻底的灾难。我的精神要崩溃了。一整天我都抱着埃利奥特。每次我想把他放下来，他就开始大哭，哭得我的头都要炸了。

直到傍晚时分，伊森才敢接近我。当时我在厨房，我猜他是认为我已经消气了，想来要一杯喝的。

伊森想喝一杯果汁的简单愿望，就相当于要求美国国家航空航天局（NASA）向空间站发射火箭一样理所当然。但当时，我一手抱着乱动的婴儿，一手拿着不好操作的吸管杯，心里已经受够了。当我终于把杯盖牢牢地扣好后，我没有把它交给耐心等待的孩子，而是转身把它扔了。然后我又坐在厨房的地板上哭了起来。伊森看了我一眼，平静地拉起艾玛的手，带她远离我，回到楼上。我哭得更厉害了。

当我眼含热泪、自怨自艾不能自拔时，我给一个朋友打去电话，她很快就来“救”我了（更重要的是解救我的孩子们）。

她把 3 个孩子都穿戴好，开车拉到她家和她的孩子们一起玩了几个小时。我需要补个觉。你知道连续一周每天少睡一个小时对身体的影响和整夜不睡是一样的吗？亲爱的朋友们，你们可能只是熬了一个星期。而我因为连续生了 3 个孩子，已经有两年没有好好睡过觉了。

如果一个新手妈妈每晚都少睡一个小时，她就会感觉很累。但事实上，新手妈妈每晚损失的睡眠时间远远不止一个小时。比如我的三个孩子，就会在夜里不同的时间醒来。长期睡眠不足加上疯狂分泌的荷尔蒙，终于逼得我在厨房里全面崩溃。我觉得自己可能需要一些药物干预。

顺便说一句，就在那天晚上，大约夜里两点半，正是我一天中给孩子们喂第 47 次奶的时间，我想方设法地把杰夫从床上拽起来，让他坐在我的脚边，离我非常近，我一伸手就能够碰到他。我累了。我厌倦了做唯一一个喂孩子的人。我厌倦了做唯一一个能在夜里听到另外两个孩子哭声的人。在我睡觉的时候（其实“睡觉”这个词对我来说非常不准确），床边放着两个婴儿房监视器。我必须在监视器上面写下孩子们的名字，这样我就知道该在黑暗中去谁的房间。坦白地说，我已经筋疲力尽了。

第二天早上，我打电话给医生。

他听着我哭泣、尖叫，听着我哭了一阵又一阵。然后他给我开了一种抗抑郁药物，让我吃了以后便不再想朝丈夫扔刀子，也不再想用吸管杯砸墙了。我开始适应、接纳、照料家里的三个孩子。我终于找到了自己的节奏。

每天坚持服药并不意味着我是一个失败的母亲或妻子。恰恰相反，服药的意义在于我意识到了这个问题，也就是说，我无法独自完成养育孩子的工作。我也意识到，杰夫不会读心术。当我需要他的帮助时，最好直接向他开口。

我想强调一点，这种积极的态度直到今天仍然奏效。我非常感激的是当事情一团糟时，我有一个可以打电话倾诉的朋友。软弱者不适合做父母。那些可爱的小天使会用你能想象到的最残酷的方式来考验你。你会怀疑自己曾经相信的一切——甚至怀疑人生。

既然如此，生养孩子还值得吗？

当然值得。这一点毋庸置疑。

但是，就像永远不该在没有准备充分的情况下去露营一样，我们也永远不该在没有准备充分的情况下为人父母。我们可以向朋友、家人或是邻居寻求帮助。

实话实说：我很高兴，要命的婴儿期已经结束了。

3

迪士尼乐园

你曾经计划过全家一起出去玩吗？也许你还没到真正为人父母的年龄；也许你看了太多关于家庭乐趣的电影和电视节目，也许你在想，哇！全家人一起出去度假肯定很幸福。

我的建议是：不要着急。当孩子们还很小的时候，杰夫和我想要（实际上是我想要）带他们去那座游乐场鼻祖——位于佛罗里达州奥兰多的迪士尼乐园。我当时认为，那一定会是非常棒的家庭旅行（原谅我的一时糊涂吧）。不仅如此，我们还决定在春假期间开启这次旅行，那时还有另一个13岁的孩子（我指望着她能帮我照看一下孩子）能和我们一起去。

从休斯敦洲际机场出发时，我的孩子们分别是2岁、3岁和4岁。我好像听见了你们内心的嘘声。对了，我有没有说过，我亲爱的丈夫虽然会和我们一起去奥兰多，但他没能和我们乘坐同一架飞机？是的，他有一个重要的会议不能耽搁。事实证明，飞机也无暇等他。

于是，我独自带着两个步履不稳的幼儿、一个学龄前儿童，还有一个看起来不知所措的13岁孩子一起登上了飞往“地球上最快乐的地方”的航班。那个小姑娘正在犹豫是否还要陪我完成这场注定凌乱的机舱真人秀。

当我们通过过道时，我能感觉到其他乘客的目光紧盯着我们，每个人都在默默地祈祷：亲爱的上帝，请不要让那几个大大小小的“炸弹”坐在我旁边。谢天谢地，佛罗里达离休斯敦并不远，孩子们表现得非常好。考虑到除了用餐时间，他们起码还有一半的航程无法安安静静地坐着，于是我耗尽了便携式DVD播放器的电池，给他们吃掉了我准备的所有零食和饮料，还每隔30分钟就带他们去洗手间走动一下。值得高兴的是，自始至终，他们都很安静，没有招致空姐主动过来帮我控制局面。我把飞往佛罗里达的行程定义为“相当成功”。

但我高兴得太早了。虽然没有科学证据来支持这一观点，但我确实认为孩子（不管任何年龄段）在一天中都只能呈现出一定数量的“优点”。我的孩子们在去往佛罗里达的飞机上就把这些优点都展现完了。他们让我相信，刚刚他们向全世界展示的天使模样，实际上就是他们将在这一天——或者，我敢说，在剩下的旅程中所展示的全部。

救命！

当我们下了飞机准备出飞机场时，事情就发生了变化。埃利奥特只有2岁，在我们等待行李搬运工把他的婴儿车从飞机行李舱运下来时，他紧紧地跟在我身边。但伊森和艾玛没有。他们无拘无束，一溜烟儿就跑掉了。

他们不知道，我带来的帮手——茉莉（Jasmine）（对，她的名字和迪士尼故事中的茉莉公主一样）碰巧是我们那里的田径明星。她不仅轻松地抓回了两个刚跑走的孩子，而且在我成功地把埃利奥特固定在婴儿车上之前，一直看着他们，没再离开我身边。

只需和伊森对视一眼，我就能看出他那狡猾的小脑袋里还藏着许多想要逃跑的歪心思。出机场的过程缓慢又麻烦。早晨出门时装得整整齐齐的妈咪包现在已经乱七八糟的了。在飞行过程中，由于我想让孩子们安静下来，在翻找零食和饮料的时候已经把东西翻得乱糟糟的。当飞机落地时，我只能胡乱地把东西尽快塞进去，眼看就要装不下了。两个妈咪包都七扭八歪，接缝处都快要裂开了。我敢肯定，我在前面走，后面一定掉了一地混杂着麦圈的金鱼饼干。

在航站楼走到一半时，伊森不想再牵茉莉的手了——他想牵我的手。当时的画面是，我推着一辆巨大的婴儿车，两边肩膀上各挂着一个妈咪包，被赶着去转下一班飞机或是急着出站的乘客推搡着，眼睛还要一直盯着茉莉（她负责拉住两个孩子的手，防止他们跑丢了），同时拼命努力不撞到其他人。

即使这样，我仍然决定牵住伊森那只脏兮兮、湿乎乎的小手。几乎在事情发生的一瞬间，我看到了整件事的慢动作画面。当我伸手去抓伊森的手时，他抬起头来，天使般的小脸颊上，一双令人赞叹的蓝色大眼睛望着我，露出一个非常狡猾的顽皮笑容，然后撒腿就跑。

老天！

“快抓住他。”我对茉莉说。艾玛站在原地一动不动，抬头看着我，笑呵呵地说：“伊森跑得真快。”

的确，我想。但是妈妈的动作要更快。是时候采取极端措施了。

生活中有许多真理。比如，每天都穿干净的内衣，以备不时之需；多吃蔬菜，这样你才能长得又高又壮。我个人最喜欢的一名言是：绝不说“绝不”。但生活往往就是这么事与愿违。在我有孩子之前，我的词汇表里就存在很多“绝不”。我甚至可以根据这些“绝不”轻松写出一本书！

那天在机场发生的“绝不”事件颠覆了我对腕带的看法。我曾经看到过许多父母，把孩子拴在腕带的一头，拖着或拉着孩子走。当时那个聪明而且没有孩子的我不禁在想，这些父母怎么回事？难道他们管不住自己的孩子吗？等我有了自己的孩子，我可绝不会用腕带拴住他们！

但当伊森第二次尝试挣脱我的手后，我觉得是时候给他套上“小狗背包”了。有些读者可能不知道我说的是什么东西，我来解释一下。这种背包看起来就像一个柔软蓬松的仿真小动物，孩子们很喜欢。给孩子背上之后，家长就可以抓紧背包，看管好他们的孩子了。他们甚至可以把一些玩具装进背包里（其实只能装很少的玩具）。

这个背包和普通背包一样，大部分孩子都可以使用。只要把背包的卡子扣在胸前，经常乱跑的小孩子就不能轻易挣脱了。这种背包有好几种不同的动物造型，比如小狗、猴子、青蛙和另一种叫不上名字但看起来很有趣的物种。家长也很喜欢这种背包，倒不是因为它们外形可爱，而是因为每个背包上的动物都有一条接近 2 米长的尾巴。

这种毛茸茸的背包十分可爱，但我要告诉你它们的真实作用。这种背包其实就是一种防走失腕带。

我一口气买了三个。

当茉莉穿过人群向我们走来时，伊森还在她的背上嘻嘻笑着，我不得不另做打算。我刚刚介绍过这些背包的特别之处，原本我打算在抵达佛罗里达之前绝不拿出来使用。不过，孩子们并不知道这实际上是一个限制装置。当我低头看着伊森时，我回赠给他一个和他跑掉之前同样狡猾的微笑，问他是否想要背上那个特别的新背包。他响亮地回答道："我要！"当然，艾玛也想要，埃利奥特也不例外。所以我把三个孩子都扣在背包里，继续往前走。

终于到达行李提取处时，我已经对我们一行人在机场里的情况有了一些把握。茉莉负责看管那辆空出来的婴儿车，车上装着妈咪包，而我主要负责拉住几个孩子。事后回想起来，我那时一定非常拉风！我确实感觉自己有点像中央公园里遛狗的人。三个孩子被拴在三个不同的背包上，就像被狗绳拴住的小狗一样。他们走得磕磕绊绊，时常和对方背包上的尾巴缠在一起。我只好不时停下来，帮他们解开。不过，好在我们还能继续前进。有些人停下脚步盯着我们看，但没有人主动提出要帮我的忙。

在休斯敦机场准备开启这趟冒险之旅时，杰夫还一直跟我们在一起。他忙着整理、装袋、给所有旅行用品贴上标签。但当我到达奥兰多，站在行李传送带前时，我发现自己缺少一个非常强壮和能干的帮手。我抓起一件又一件行李、一个又一个汽车儿童椅。我的脑子这时才真正开始思考堆积如山的麻烦，未知的困难很快就把我淹没了。

我到底要怎么样才能把所有东西和所有孩子带到租车的地方呢？汗水顺着后背流下来，我在心里念叨着，最好不要让我们坐摆渡车，最好不要让我们坐摆渡车。七个行李箱，三个儿童椅，一个婴儿车，所有随身物品，三个幼儿，一个小姑娘，光是想想我就筋疲力尽了。

当我转过身去看孩子们的时候，他们看起来就像小狗一样，而且是几只追着自己尾巴的小狗。背背包的新鲜感已经消失了，他们正在想办法把背包摘下来。他们很快就弄明白了，摘下背包的关键在后背上。于是他们三个人转着圈子，小脖子歪向一边，手臂举过头顶，想要够到背包上小动物的脑袋（但都没有成功）。我忍不住笑了，直到我越过他们，看到了汽车租赁柜台排得长长的队伍。

我真想坐在地上哭一场，但现在还不是时候。把所有东西都装上手推车后，我给每个孩子分了一些他们能拿得动的东西，让他们觉得自己在给我帮忙，然后我们就出发了。

到这里来是谁的主意？哦，是我。我丈夫在哪里？他在休斯敦开会，错过了这一切“乐趣”。此时此刻，在奥兰多，我正在处理有麻烦的租车订单（难以置信，租车公司最初的订单弄错了），陪伴我的是三个疲惫的幼儿、一个沮丧的助手，还有处于崩溃边缘的我自己。

租车公司为了弥补我们，把我们租的车从一辆普通的道奇面包车（Dodge Caravan）换成了一辆大号保姆车（Grand Caravan）。一般来说，我不喜欢小型车。在家里，我最喜欢的交通工具是有点像有轮火车车厢的那种大型车。但在这台不太大的汽车里待了一段时间后，我发现了它的魅力所在。它有各种各样的隐藏空间。我把七个行李箱都放在后备厢和第三排座位后面，这样就有足够的空间供孩子们乘坐。我很惊讶，我甚至无须把其中一个孩子安置在过道位置上。

总而言之，我们拿起行李，赶到租车柜台，把所有东西和人都塞进车里，然后终于上路了。这个过程花费的时间和我们从休斯敦飞到奥兰多的时长差不多。

驱车前往度假村时，我不禁注意到路上的人群。我是不是说过，我们选择了春假时间来奥兰多玩儿？难道，不是只有休斯敦的孩子不上学吗？这里到处都是孩子。我是说，到处！都是！孩子！度假村拥挤得像是不要钱一样。又过了一个小时，我们才住进公寓。

但就像刚才等待租车一样，办理入住也耗费了很长时间。在整理行李的过程中，茉莉陪着孩子们玩儿，而我则尽量把一切都整理好。就在我把最后一个行李箱放进壁橱的时候，杰夫来了。孩子们都兴奋极了！

“爸爸！”

“我们坐了飞机！”

“我吃了花生！”

“我在飞机上看了一部电影！”

“伊森从妈妈身边跑开了两次！”

杰夫看着我，笑了。

而我瘫倒在沙发上。

……※……

我们在迪士尼乐园的时光和为人父母的体验很相似。有些事情会让你欢笑，也有些事情会让你哭泣，还有些事情会让你痛苦。

迪士尼乐园中，和养育孩子最像的娱乐项目之一就是过山车。我不想坐过山车，因为受不了那种刺激。但孩子们什么都不怕。不幸的是，这几个孩子都还没有几块豆腐高，所以找到一个符合他们身高限制的过山车游戏也很困难。终于，我们找到了“高飞的点火器”（Goofy's Barn Burner）这个项目，伊森和艾玛可以玩。埃利奥特实在太矮了，不过这正合我意。我们俩待在安全的地面上看着他们玩儿。

在养育孩子的过程中，有多少次觉得自己就像在坐过山车？在育儿路上完成一个接一个的任务时，我经常感到摇摇晃晃，忽高忽低。我在想，如果在我决定怀上第一个孩子之前，也有人来检查一下我是否符合做母亲的要求就好了。

选择为人父母后，我们也经历了很多等待。我们等着孩子出生，等着他们睡觉，等着他们说话、长大，学会走路。大多数时候，我们只是处在一种匆忙和等待的状态中。在迪士尼乐园最火爆，也是一年中最拥挤的时候，我们体验了在游客队伍中的漫长等待。

其实，不论在哪里，我们都需要等待——这里等 45 分钟，那里等 55 分钟——但是没有哪个地方的队伍像迪士尼乐园的那样长、那样慢。

在卡通城（Toon Town）的一个僻静地方，有公主们居住的帐篷。我肯定，园方把公主之家放在这个地方是为了避免干扰其他游客的游玩线路。为了看公主，我们排了一个半小时的队。我没有夸张，确实是一个半小时。

我们排队时无聊到数墙上的鸟。我们抱着自己的孩子，再和队伍里其他疲惫不堪的父母换着哄对方的孩子。我们抱着孩子坐在地上，唱歌、吃零食、轮流离开队伍去上厕所。就这样整整排了一个半小时。不过，总的来说，我觉得这次排队还是成功的。当我们终于走到帐篷门口的时候，几个孩子中没有一个哭闹或发脾气。这时我感觉自己像个真正的赢家。

人群中忙碌的工作人员向我们大致介绍了接下来对迪士尼皇家团队的观礼该如何进行。首先，我们要有序进入帐篷。里面一共有三位公主，她们之间都有隔挡，也就是说这几位公主互相看不见。然后我们要快步欣赏，保持队伍畅通，不要磨蹭。孩子们可以依次把自己的签名本递给每一位公主。当孩子们和公主合影时，请父母拿走签名本，最后再去见下一位公主。这听起来并不难，不是吗?

相信我，这比想象中的困难很多。

第一位公主是睡美人（Sleeping Beauty）。和我们期望的一样，她既漂亮又迷人。她觉得埃利奥特十分可爱，弯下腰在他的额头上深深地吻了一下。埃利奥特兴奋得大叫起来。公主非常喜欢他。他长得像一个漂亮的天使，一头金发，还有一双让人难忘的又大又圆的蓝眼睛。他的睫毛是我们见过的最长、最浓密的。谁不想捏一下他的小脸蛋呢？和睡美人的合影非常顺利。

下一位是白雪公主（Snow White）。她也和想象中的一样美丽。伊森和艾玛很害羞，不敢靠得太近，但他们还是乖乖地走上前，手里举着签名本，摆好姿势和公主拍照。埃利奥特不敢上前，站在那里目瞪口呆地看着她。公主弯下腰，和他齐平，用只有真正的公主才具备的魅力，向他招手，说是要告诉他一个秘密。他睁大了眼睛，向她靠近了一些。公主赶紧伸出手，温柔地托住他的下巴，同时凑到在他耳边，好像要悄悄把王国里的秘密告诉给他一个人。但在最后一刻，她毫无征兆地把他的小脑袋扭过来，还在他的脸颊上重重地吻了一下！

埃利奥特大叫起来，引得帐篷里所有人都把目光齐刷刷地投向我们。我那执着的两岁宝贝用肉乎乎的小手拍着白雪公主的脸说："你骗人！你不是要告诉我你的秘密吗？"

这一次，白雪公主笑着对他耳语几句，他就平静了下来。直到今天，我都不知道白雪公主对他说了什么。

接着，我们去看最后一位公主。伊森和艾玛在帐篷里随着人流走动，他们因为一下子见到这么多“皇室成员”而兴奋不已。埃利奥特刚刚被世界上最美丽的两位公主热情招待过，开心得像是在云端跳跃的小兔子。他的脸颊和额头上各有一个唇印，这让他觉得所有排队的时间都没有白费。

我们即将进入最后一位公主的房间，但我们都不知道里面是谁。迪士尼有很多公主。房间里可能是任何人。如今，就连《小飞侠》里面的仙子小叮当（Tinker Bell）都算是迪士尼公主了。艾玛最先看到了最后一位公主。“妈妈！是灰姑娘（Cinderella）！我看到她了！妈妈！妈妈！我的天哪！是灰姑娘！”

就在那一瞬间，埃利奥特冲了出去。

在此之前，他一直耐心地排队，遵照指示，迅速而有序地往前走。杰夫和我一直在努力教育男孩子，即使是小朋友，也要让女孩儿先走。但是，当埃利奥特看到他的梦中情人——灰姑娘时，就把所有的教导都抛到九霄云外了。灰姑娘是他最喜欢的公主，直到今天仍然是。当埃利奥特透过帐篷的窗帘，看到她站在房间中央时，他得意忘形，张开双臂，把签名本扔了出去。当他跑起来奔向自己自打会走路、能说话以来就最喜爱的公主的时候，他的哥哥和姐姐赶紧闪到一边。

灰姑娘转过身来，看着这个小家伙兴奋地向她冲过去，于是弯下腰准备接受这个即将冲刺而来的大拥抱。这个举动看起来很正常，对吧？可怜的灰姑娘没有注意到的是，当埃利奥特忘乎所以地跑过去的时候，他的左肩下沉，就好像最出色的美国橄榄球联盟的后卫一样。这个看似甜美的两岁孩子，实际上就像一颗装满火药的小炸弹，随时准备在她身上“引爆”。

我已经拉不住他了。埃利奥特一下子扑到灰姑娘张开的手臂上，把她撞倒了！灰姑娘向后倒下去，巨大的裙撑把埃利奥特弹了起来，摔在她的胸前。

艾玛尖叫道：“你把她撞倒了，埃利奥特！”

两岁的埃利奥特使劲抱住灰姑娘的脖子，把她的脸紧紧贴在自己脸上。杰夫和我目瞪口呆，甚至忘了录下这个灾难场面。工作人员试图让埃利奥特松开手，但这个方法显然不奏效，于是赶快把他们两个都扶了起来。

埃利奥特仍然没有放开他的梦中情人。灰姑娘弯下腰，轻轻把他放在地上，然后把脖子从他手上挣脱开。埃利奥特还站在原地，满怀爱意地凝视灰姑娘的眼睛。工作人员则强压怒火站在旁边看着我们。

灰姑娘不失时机地赞叹：“天呐！你是一个多么勇敢的小王子啊！”然后她亲吻了埃利奥特脸上唯一未被亲吻的地方：他的另一侧脸颊。之后，灰姑娘继续和孩子们合影，随后工作人员护送我们离开。

在养育孩子的过程中，我们有过多少次这样的感觉呢？我们等啊等，等啊等，一直等着某样东西，当我们终于得到一直在等待的东西时，简直无法控制自己。

我懂得这种感受。对我来说，起初等待的就是两条粉红色的线。但是没过多久，又出现了两条粉红色的线。然后，没过几天又出现了两条粉红色的线！可我想要那些孩子。当他们来的时候，我只想留下他们。

当然，养育孩子需要很多时间，但很多事情不需要做。有些时候，我们就像遇到自己的“灰姑娘”一样：完全无法控制自己。

也有些时刻是我们想尽量遗忘的，就比如迪士尼乐园中的疯狂茶会游戏（Mad Tea Party）。它还有一个更广为人知的名字，叫作“旋转茶杯”（Spinning Teacups）。

4

旋转茶杯

在迪士尼乐园玩的时候，我们勇于尝试的游乐项目之一是“疯狂茶会”，它的设计灵感来自经典动画《爱丽丝梦游仙境》（*Alice in Wonderland*）中疯帽子（Mad Hatter）举办的派对。孩子们认为这个游戏一定超级有趣。我的意思是，你看到那些大茶杯了吗？杰夫一想到我要登上其中一个去玩儿，他就笑得前仰后合。我不擅长这类运动游戏，我的胃也开始隐隐感到翻江倒海。

对于那些没有“幸运地”陪孩子接受这些迪士尼“酷刑”折磨的人，我要介绍一下这个游乐项目的工作原理。眼前是一片巨大的平坦区域，里面设置了许多五颜六色的巨型茶杯，茶杯中央立着一个大方向盘。这些造型看起来赏心悦目。不过别忘了,《绿野仙踪》(*The Wizard of Oz*) 里的罂粟花田[①]看起来也很迷人，但我们都知道这使多萝茜（Dorothy）陷入了多么危险的境地。有时光看外表并不能揭示一件事物的真相。

---

① 《绿野仙踪》故事中，多萝茜和朋友们经过一大片美丽的罂粟花田，多萝西被有毒的花香熏得沉沉睡去，朋友们手忙脚乱将多萝西带到了安全地带。

我们都登上了这些看似温柔美好的茶杯（一个茶杯就能装下我们所有人），准备跟随它们在轨道上运行。这真是美好的一天，孩子们大声欢笑，我们几乎就要成为迪士尼乐园的活招牌。突然，茶杯毫无征兆地开始沿着轨道快速向右旋转，杰夫握住方向盘，把茶杯转到左边。我们都跟着急速地转圈，孩子们兴高采烈地欢呼。我甚至感受到刚才的午餐又从胃里回到了口腔。

孩子们尖叫着："又来了！再来一次！继续！继续！"我在心里祈祷，真希望这样的魔法之旅快点结束吧。我们来来回回地摆过来荡过去。当杯子沿轨道向左旋转时，我们（实际上是杰夫在操控茶杯的旋转）就要把方向盘向右旋转。游戏持续了很长时间。我这才明白了为什么这个项目会排这么短的队。这就是旋转茶杯的精髓：转啊转，转啊转，停在哪里，没人知道。

我给大家讲这个故事是为接下来的故事做好铺垫。我没有回避这个游戏的名字来保护其他人"免受其害"，因为在这里玩一天下来，你不会找到任何"幸存者"。希望我能从你们那里得到一点同情。

……※……

一个周六晚上，快到午夜的时候，我和杰夫刚从一个马术竞技筹款晚宴上回来。要知道，我们住在得克萨斯，马和牛就是日常生活中的一部分。休斯敦的家畜表演和竞技表演是世界上最大、最好的竞技表演之一，而且赛前的庆祝活动精彩纷呈，不容错过。一到家，迎接我们的是昏昏欲睡的婆婆卡罗尔。

当我们互相问好并道晚安后，卡罗尔开始找她的鞋子。她想起在孩子们游泳时，她把鞋放在外面的桌子上了，于是出去拿，但只找到了一只。我们马上就猜到，罪魁祸首一定是格蕾丝（Grace），那只三个半月大的金毛猎犬。它正处于热衷藏东西的阶段。另一只狗叫利特尔斯（Littles），它的年龄比较大，也更“老练”，对卡罗尔随手放下的鞋子完全不感兴趣。

格蕾丝通常不会啃咬它找到的东西，而是把这些“宝贝”藏起来。但现在已是午夜，这对我们来说并不有趣。我对卡罗尔说，如果不是她最喜欢的鞋子，那就别找了。她立刻回答说，不行，那是她最喜欢的鞋。好吧。杰夫告诉她我们会再给她买一双。结果她又说，制造厂家早就不再生产这种特殊的款式了。好吧，好吧。于是我们穿着黑色礼服，摸黑在花坛里寻找一只棕色的鞋，找了 30 分钟也没有找到。我们决定等白天光线充足时再去找。婆婆穿上另一只鞋，一扭一扭地走向她的车，然后回家了。我们也终于可以上床睡觉了。

你能感觉到，茶杯开始旋转了吗？

……※……

第二天早上，我们没有去教堂（也许就是这个原因导致了这一天问题频出）。我们待在家里，帮杰夫收拾他出差要用的东西。杰夫走后，我一反常态，希望做一个有趣的妈妈。自从做了母亲，我的大部分时间都不那么光鲜，都是在做一些难登大雅之堂的工作，比如做饭、打扫卫生、洗衣服等。但当杰夫和我们说再见时，我看到三个孩子一脸悲伤的表情，他们都希望让爸爸留下来玩，舍不得因为三天的出差和他道别。

不要害怕！我有个计划！

我给他们涂好防晒霜、戴好帽子、喝好水，带他们去后院游泳。就像刚才提到的，我们养了一只三个半月的小狗格蕾丝。金毛猎犬天生会水，在格蕾丝看来，只要有人靠近游泳池，它就可以跟着游。唯一的问题是，它把孩子们当成是泳池里的漂浮装置或玩具。我挣扎着不让格蕾丝靠近两个小孩子，而这时学会游泳好几年的伊森已经像鱼一样，做出了一个新的举动。就在那一天，他搞清楚了，只要潜入水下，就听不到妈妈的嚷嚷了。老实说，他第一次或第二次这样做时，还很有意思。毕竟，他正在学习一种新的方法。但最终他惹恼了他的母亲！

在我说了他四五次之后，他的行为越来越令我厌恨，越来越令我恼火——尤其是在我还面对两个哭闹的婴儿和一条狗的时候。格蕾丝把孩子们的哭声和挥动的手臂误认为是在逗它，于是玩得更起劲儿！最后，我把所有人都从泳池里捞了出来，一起进屋吃饭、休息。

我的聪明都是假象，因为休息过后，我又冒险带孩子们回到外面。这一次邻居也加入了我们。迈克（Mike）和特丽

（Terri）人很好，虽然他们自己没有孩子，但对我的孩子们十分友善。格蕾丝非常高兴，我们不仅有了新同伴，而且他们俩都能和它一起玩，孩子们则四处乱跑。

艾玛和埃利奥特仍然不愿意好好游泳，他们不停地哭泣。所以我又做了一个决定，我也要下水。我感觉“茶杯”转得越来越快了。当我打算告诉伊森新的游戏计划时——注意了——每次我一开口，他就潜入水下。

迈克和特丽笑得前仰后合，但我一点也不觉得有趣。

孩子们都是直觉敏锐的小家伙。他们知道父母什么时候没体力或没耐心了，然后毫不犹豫地利用这一点。

把其他孩子从泳池里捞出来擦干后，我把他们放在后门旁边，然后回到泳池边找伊森。他还在模仿一个圆滚滚的大苹果，在水里浮浮沉沉。他玩得高兴极了，直到我过去把他从水里抱起来，丢给他一条毛巾。

接下来发生的事情只能用“山崩地裂”来形容，伊森的表演完全称得上影帝级别，无论加上哪种获奖感言都不为过。这时，孩子们打开后门，安静木然地走进了屋子，对于哥哥正在大发脾气而感到震惊不已。

艾玛瞪着眼睛，对伊森的精湛表演十分恐慌。通常她才是家里的表演大师。埃利奥特则静静地站在那里，等着看接下来会发生什么。虽然严格来说我们是在屋子里，但我还没来得及关上后门，这让格蕾丝误解我在向它发出另一个邀请，于是形势更加混乱了。

格蕾丝冲了进来，一下子跳到我和崩溃的伊森身上，在厨房的瓷砖上跑来跑去，摇着湿漉漉、满是泥巴的尾巴，又跳到艾玛身上，艾玛顿时发出了高亢的尖叫。迈克走出泳池，把格蕾丝拉到外面，同时大声咳嗽着，试图掩饰憋不住的笑意。

哦，旋转茶杯！

你有没有试过抱起一个又湿又闹又不想被抱的 4 岁小孩？如果让我去抱一块 35 磅重的果冻，我可能会觉得自己更幸运。我的脑子里只能想到一个词“湿滑”。有时挣扎的孩子就像一根“软面条”，这对他们来说是非常有效的反抗手段。我不得不在伊森身上裹了一条沙滩毛巾，然后再把他抱起来，就像我要把一头野兽从房子里赶出去一样。

当然，这并不是他期望的，也不是他喜欢的。所以我们能安然无恙地爬上楼梯，简直是个奇迹！当我终于成功地把他放进房间，让他待在那里的时候，另外两个孩子已经从震惊中缓过神来，他们也爬上楼梯，想看看我和伊森之间还会发生什么样的“战争”。

我浑身湿透，心跳加速。我很失望，原本计划中愉快的一天这么快就变得糟糕透顶。所以我做了任何一个头脑冷静的母亲在非常沮丧的情况下都会做的事：我给另外两个孩子放了一部电影，并告诉他们不要动。我关上楼梯顶上的门，把婴儿房监视器拿到外面，这样我就可以为这场意外的混乱向邻居们道歉了。

我一走出去，格蕾丝就跳了过来，它和往常见到我时一样兴奋。迈克和特丽完全绷不住了，毫不克制地大笑起来。看到他们笑得这么开心，我的心情也稍微轻松了一些，我也跟着笑了。

特丽看着我说道："你知道，我很喜欢你的孩子们，但在这样的时候，我觉得还是回家去比较好！"

我问她，我能不能和她一起走。她笑得更厉害了。

多亏了现代科技的奇迹，让我从监视器中听到了那声无处不在、再熟悉不过的"妈妈！"当时我真想回他们一句："妈妈不在！"

短暂的休息结束了，因为爸爸又离开三天，我不得不回到家里，回到我无法交给别人的职责中去。我的心往下一沉。事实证明，艾玛和埃利奥特已经从短暂的低落情绪中解脱出来，又开始打打闹闹了。我的那只叫作埃利奥特的"小食人鱼"，刚刚因为抢某个玩具而咬了他姐姐一口。艾玛身上的牙印比格蕾丝最爱的磨牙玩具上面的牙印还多。我还以为她早就学会离弟弟远点了！

解决完他们俩的问题后（我在她手指上贴了一个爱心熊创可贴，这样似乎就能治愈她手臂上的咬伤），伊森打开门，宣布他也好了。而且，他晚餐想吃意大利面。因为我还没有做晚餐，所以这个主意很不错。

在我们家——我敢打赌，在大多数有着蹒跚学步孩子的家庭里——意大利面是一种常备食物。但很明显，艾玛对格蕾丝吃东西的方式十分感兴趣，因为就在这天晚上，她开始学着格蕾丝的样子，从盘子边吮吸意大利面。埃利奥特也跟着学起来。但那时，我既没有精力也没有心情去阻止这种犯傻的行为。当时我最关心的是：他们正在吃东西，而且没有打架。

但晚餐一结束，混乱又来了。

什么时候才是个头儿呢？

孩子们有一个坏习惯——每当我打扫厨房时，他们就在楼下互相追逐。这已经成了每晚的保留项目。这样做很危险，杰夫和我都不能容忍，但在这个特殊的夜晚，我已经没有力气阻止他们了。当孩子们在跑的时候（我指的是奔跑），发生了一次碰撞，确切地说，是几次碰撞。他们撞到彼此，撞到墙壁，甚至撞到厨房中央的操作台。我听到他们叽叽喳喳的轻微吵闹声，但没什么大不了的。

然而，就在这个时候，电话响了。是杰夫打来的。我该从何说起呢？我和他只聊了 15 秒，就听到伊森的声音从另一个房间传来，我听到他说着“对不起，对不起，对不起，对不起”，紧接着就是一声尖叫。

我说的尖叫，是那种从孩子内心深处发出的令人毛骨悚然的尖叫，他吓得动弹不得，而且呼吸困难。我挂了丈夫的电话，发现埃利奥特脸朝下趴在瓷砖上，伊森站在他旁边，艾玛正转过身去看发生了什么。

我把孩子从地板上抱起来，同时对着大儿子大喊了一声（我原以为埃利奥特哪里摔破了，但谢天谢地，他没有流血）：“你对他做了什么？”

作为一个母亲，这可不是什么光辉时刻。我得到的第一个答案是“我什么也没干”。当我把伊森赶上楼时，他才告诉我，可能是他把弟弟推倒了。

从埃利奥特左眼上方肿起的大包来看，我认为“使劲撞倒了”才是更准确的描述。我把伊森安置到他的房间后，就开始处理埃利奥特脸上的大紫包。现在他不哭了，仍然轻轻呻吟着。

他的头需要冰敷。我找了一些冻豌豆放进密封袋，然后用橡皮筋把它们绑在纸尿裤里。我让他敷了一会儿，然后把他和艾玛都带到楼上艾玛的房间，让他们靠在枕头上看《阿拉丁》（*Aladdin*），这样我就可以去和伊森谈谈，告诉他用身体撞倒弟弟是不对的。

在那之后，我又回到楼下继续收拾厨房。快收拾完的时候，我听到伊森站在楼梯上面说：“妈妈，埃利奥特的房间一团糟！豌豆撒得到处都是！”

我告诉他，我马上就上去。我擦了擦台面，又从抽屉里拿出杯子给他们冲泡晚安牛奶。

这时，艾玛也来了，她说：“妈妈！埃利奥特在我床上拉屎了！”

我愣住了。

我在想，上帝啊，今天还要怎么折腾我？

旋转茶杯！

我问伊森，埃利奥特身上是否还穿着纸尿裤？他说是的，但艾玛的床上确实有大便，我得马上上楼。我从储藏室拿了一个塑料袋，然后上楼去看看到底发生了什么。

当我走进艾玛的房间时，我发现让她误会的地方其实是一块巧克力牛奶渍，埃利奥特并没有在她的床上拉屎。当我转身离开时，发现地板上有五六颗豌豆，我想起伊森告诉我埃利奥特的房间里还有更多。我想，既然已经上楼了，不妨去收拾一下，毕竟，我手里还拿着塑料袋。

走到埃利奥特的房间门口时，我停住了脚步。眼前的景象用“一团糟”来形容简直太云淡风轻了。他的房间看起来就像有一颗冷冻豌豆炸弹刚刚引爆，碎豌豆飞得到处都是。我也没想到我竟然在袋子里放了那么多豌豆，不过这些豌豆确实是我装的。我双膝跪地，开始机械地一粒一粒捡豌豆。艾玛和埃利奥特走进来，伊森开口道：“你看，我告诉过你这里一团糟。”

艾玛和埃利奥特都想“帮忙”，但不幸的是，他们完全是在帮倒忙。那些冻豌豆已经化开了，他们穿过房间时，胖乎乎的小脚踩在豌豆上，把它们踩得稀烂。我失去了耐心。我把埃利奥特拉起来，放到他房间里的摇椅里，然后气急败坏地把艾玛送回她的房间，然后继续捡起了豌豆。

这时，电话响了。

还记得那只丢失的鞋子吗？是卡罗尔打电话问我有没有去找，如果有，是否找到了？这是一个简单、合理的问题。但此时此刻我没办法心平气和地回答她。我大喊着告诉她，是的，我和邻居还有伊森一起找过了，但是很遗憾，我没有找到那只鞋。我唯一没挖开翻找的地方就是孩子们的沙坑，这应该是唯一合乎逻辑的藏鞋之处。但考虑到作案的是一只小狗，对它来说，藏东西应该不会考虑“合乎逻辑”。

我告诉卡罗尔，我已经让伊森把沙坑挖一遍，但是伊森问我:“但是，妈妈，我把沙子从沙坑里挖出来之后，要堆在哪呢？”

我向卡罗尔保证，明天我就去挖沙坑，一定能找到她丢失的鞋子。

停一下。深呼吸。

我向她道歉，告诉她我在做什么，以及为什么要这么做，后面会再跟她说。我挂了电话，继续去捡豌豆。大概用了 15 分钟，我相信我已经找到了所有的豌豆，并把它们全都塞进了塑料袋里。

更精彩的来了。读者朋友们可以在脑海中勾勒出这样一副生动画面：我一手捏着袋子的开口，一手抓着袋子的底部，拧了几圈，想给开口处打个结。但我没料到的是，袋子上有一个洞！你们猜得不错，洞的大小刚好能让豌豆漏出去。于是我刚才捡起来的几十颗豌豆又撒了一地。

茶杯转得更快了……

埃利奥特冲过来“帮忙”，但是在帮我捡豆子的过程里，他又把软了的豌豆弄到了米色的地毯上，到处都是小绿点。我忍不住哭了起来。折磨人的豌豆！我再一次把所有豆子都捡起来，只不过这一次，我把这些豌豆都放在手里，然后下楼继续做几个小时前就在做、但还没有完成的工作。经过许多努力，我才把孩子们都哄上床睡觉，已经没有任何语言能够形容我究竟有多累。

我收拾完屋子，打开后门把狗狗放进屋里，准备安顿狗狗睡觉。就在这时，院子边上有一样东西吸引了我的目光，竟然是卡罗尔丢失的鞋子！我激动万分，不知道的人还以为我发现了治疗癌症的方法！我终于开心起来了，因为有些事情出现了转机。我跑过去把它捡起来，发现鞋子完好无损，上面没有牙印。格蕾丝只是为了保护自己“宝贝”的安全，把它藏了起来。

几天后爸爸回家时，孩子们又恢复了天使一般的模样。婆婆也取走了她的鞋子。这个故事告诉我们，无论多么努力地制定计划，孩子们都有他们自己的节奏，而他们的节奏通常与我们的节奏不一致。

还有，不要穿你最喜欢和唯一的鞋子去照料一个有三个宝宝、一个游泳池和一只幼犬的家。

……※……

在迪士尼乐园的时候，我们也玩了碰碰车。那些孩子们开着车叮叮当当地撞到一起，光是看着别人玩儿就让我无比紧张。

当你坐在碰碰车上时，很难及时看到其他撞过来的车。在公共场合，有三个或更多孩子的父母也面临着同样的挑战。当你们夫妻有两个孩子时，就可以达到战斗力平衡，也就是说，一个大人看管一个小孩。但是如果你们有了第三个孩子，那么夫妻二人就明显不够用了，只能开始联合看管，也就是说，有一个大人要同时看管两个孩子。

我要讲一段在训练埃利奥特如厕期间，有一次在别人家参加生日派对的经历。当时，杰夫和伊森在泳池里玩，之所以这么安排，是因为我们需要面对一个现实——还是伊森比较好对付。那么，我就必须照顾另外两个孩子。在某种程度上，我只需要看住他们就行。我只需要大概知道他们在哪里。因为他们俩都穿着泳装，泳池里还有很多家长，如果哪个孩子跑到了泳池边上，我就会看到，或者有人会抓住他们。

但埃利奥特比我想象的更难对付。我正在和另一位家长聊天，突然女主人拽了拽我的胳膊，提醒我去看看我儿子在那里干什么。

他站在露台中央，短裤褪到脚踝，正对着插在一张桌子上的伞杆撒尿。我曾经以为一般都是父母的行为会让孩子感到难堪，而不是反过来。虽然这件事已经过去好几年了，但只要我们再参加泳池派对，朋友们仍然会提起这件事。他们必须确保我们知道洗手间在哪里。

事实证明，不只是埃利奥特和伊森能用滑稽动作让我尴尬不已，艾玛也有自己的“必杀技”。而且，她选了一个更加优雅的地方。想象一下，在一场隆重的婚礼上，三个可爱的孩子

（两个男孩穿着迷你燕尾服，小姑娘穿着与新娘完美搭配的礼服裙），在装饰高雅的宴会厅里，能出什么差错呢？

你有没有听过一句话叫“乡巴佬进城”？它说的是，社会上那些不太文雅的人误打误撞地和那些锦衣玉食而不是粗茶淡饭的人混在了一起。

不管怎么说，我们都没有什么存在感，但这并不困扰我。我在适应上流社会的礼仪上通常不会有太大的困难。虽然我更喜欢真实坦率的做派，但必要的时候，我也可以坐在正式的晚宴桌上，看起来优雅得体。我知道该如何使用刀叉——电影《风月俏佳人》（*Pretty Woman*）在这方面就很有帮助——我也知道如何与他人进行有趣的交谈。然而，我的孩子们还太小，完全没有意识到在这种特殊的环境中，有些事情会让很多人讨厌或是非常反感。

要结婚的是杰夫的弟弟。他和他的准新娘之前就曾亲切地问过杰夫和我，是否会带孩子们来参加婚礼。我们很自然地答应了。能参加这么盛大的活动，我很激动。我高兴地把自己打扮得像个小姑娘，而不是像往常一样是个到处吐槽的邋遢妈妈。

在这种隆重场合，孩子们看起来也很适应。艾玛就像一个完美的小公主。孩子们在典礼上表现得很好，没有人坐立不安。艾玛是两个花童中的一个，我很骄傲地表示，她身边地板上意外出现的那摊水肯定不是她弄的，应该是另一个花童。婚礼进行得很顺利，没有人惹出事端。我长舒了一口气。

然后我们从小教堂走到宴会厅。这地方可真漂亮，从落地窗可以俯瞰宏伟的花园，远处是东得克萨斯州最高大茂盛的树林。整个环境就像电影里的布景一样。在大厅一侧，有一个巨大的旋转楼梯，新娘和新郎将从这里缓缓步入宴会厅。这次晚宴的设计不是传统的圆桌餐，而是沿着大厅四周摆放了许多不同的餐台。大家可以自由选择吃水果、蔬菜或者甜品。

水果区旁边是一个巧克力喷泉，我的孩子们大部分时间都在那里玩儿。我正想过去找他们，就看到楼梯下面聚集了一小群人。作为一个喜欢八卦的女人，我便走过去看看他们在干什么。那群人里有婚礼司仪、新娘子和她的母亲（每次见到我，她总是一副一言难尽的表情）、婚礼摄影师，还有其他几个人和几个穿着讲究的小男孩。

他们是在欣赏什么了不得的奇景？眼前的奇景就是，一个穿着白色裙子的花童，正从那优雅的旋转楼梯的第五级台阶上以最美好的天鹅姿态向下跳。

她“砰”的一声摔在地上！

摄影师转过身向人群宣布：“这次我拍到了！”婚礼司仪、我的新弟妹和她那脾气古怪的母亲都转过头来看着我，而我则低头望向躺在地上哈哈大笑的女儿。

我张了张嘴，但什么也没说出来。我咽了口唾沫，挺起胸膛，说道：“应该有人去找她爸爸。”然后飞快地转身，撩起裙子，跨过我那大笑不止的孩子，大步朝香槟喷泉走去，我觉得香槟酒的味道肯定会比巧克力更好。

5

外星人探险之旅和不明飞行物

你有没有看着自己的孩子想过这些问题：他到底是从哪儿来的？他不可能是我生的吧？他们怎么做什么事都和我不一样呢？他们的行为方式也和我不一样。我绝对没有做过他们所做的那些傻事。

当我们结婚并决定生下这些奇妙的小生命时，通常会忘记，孩子不可能只继承父母的优点。当然，我可能认为自己是童话故事中完美孩子的典型代表。但我母亲那边，我的表哥欧文（Irvine）呢？他在一次家庭聚会上出现时，坚持要穿1968年在夏威夷买的穆穆袍[①]，就因为刮风的时候感觉十分凉爽。

我是不是已经把他忘了？但他的DNA和我和孩子的DNA有相同的部分，他的性格特征可能也会在我和孩子的性格之中体现。所以，宝宝无疑将是一个有趣的血缘混合体。在我们决定生育之前，我竟然忘了向丈夫提及这位亲爱的欧文表哥。总而言之，我想提醒你留意的，恰恰是那些“默默无闻”的亲戚

① 一种夏威夷妇女穿的宽大长袍。

（何况有些对孩子产生影响的人并非“默默无闻”，比如你的母亲）。

外星人探险之旅。有时候，我们确实感觉自己进入了一个平行宇宙。我看过，确切地说是在家里听过很多遍《星球大战》（*Star Wars*），尤其是在迪士尼买下了这部电影的版权之后。我承认，我从来没有真正了解过《星球大战》。我不知道哪个角色属于哪一个阵营，但我的大儿子伊森现在可以准确地告诉你谁为共和国而战，谁又为西斯帝国而战（顺便说一句，我在打下这段文字的时候又跑到楼下核实了一下）。很多时候，我只能站在他们后面，对着他们的背影摇头！

《星球大战》激发了我们家对宇宙的兴趣。“宇宙，最后的疆域”[①]，我知道我刚引用了另一部科幻小说中的经典名句，但请给我一分钟听我解释。我知道这句话来自《星际迷航》（*Star Trek*），而不是《星球大战》——但现实情况是，宇宙的确非常非常大。我们的家庭也可以非常非常大。

一开始，孩子们总担心死星[②]（Death Star）的残骸会随时掉到我家的游泳池里，直到我向他们保证死星已经在纽约州上空的某个地方爆炸了，而我们所在的得克萨斯州是绝对安全的，他们这才放下心来。

---

① *Space... the final frontier*，这句话是《星际迷航》结尾舰长的独白。

② 由银河帝国建造的卫星大小的战斗空间站，在其计划的早期阶段被简单称为“终极武器”。这座战斗空间站具有一个大量使用凯伯水晶、能摧毁整个行星的超级激光炮。

也许我当时更应该担心他们对纽约人的安危所表现出来的漠不关心。我要向北方的朋友们道歉。但正是由于他们对死星的好奇，他们对太阳系中可能存在的其他东西也产生了浓厚的兴趣。

我突然想到，这对孩子们来说是一个极好的启蒙契机，对我这个当妈妈的人来说也是一个值得学习的时刻。别担心，我不想把它变成沉闷的说教，就像高中的科学课。相信很多人在第一次上这门课时都睡过觉。我保证会让这一切变得很有趣，每个人都能在这个过程中学到一些东西。

你知道吗，在太阳系里，还有许多东西正在不断被发现。我所说的“发现”，不是说在昨天刚被发现，而是指近几年，甚至是在我出生后的这些年，其实这些“发现”的年代并不久远。例如，直到 1930 年，人们才发现冥王星（Pluto）的存在。这个发现距离现在还不到一百年！如果把一百年和宇宙的年龄相比，那就像是一眨眼的工夫。

直到 1979 年，木星（Jupiter）光环才被发现，这正好是我出生的年份。到了 2006 年，一群专家聚在一起，来决定一颗行星的“官方”身份，可怜的冥王星被取消了行星“资格”，降级成一颗矮行星。我能不能对这个决定发出嘘声？如果这些决定者想找点事来打发时间，他们应该打电话给我。我有很多东西可以提供给他们去研究。他们本可以来帮我洗洗衣服，而不是坐在那里试图确定成为一颗行星的确切条件。

请听我讲，我们将从教科书式的科学发现转到更加抽象的领域。我的“发现”与养育子女有什么关系？有很大关系。我们可以从一些“发现”开始。为人父母之后，你发现了自己多少新的天赋和能力？我之前提到，现在我已经学会了如何用一只手做很多事情，再也不会因为宝宝饿了就放下家务。

我仍然需要把盘子放进洗碗机。即使那台机器充满科技感，它也不会自己打开门，跳起来把水槽里那些盘子装进自己的身体。杰夫把我往洗碗机里装盘子的方式称为“俄罗斯方块之装盘子游戏”。他甚至会给我打分，看我能在不堆叠的情况下塞进去多少盘子。

有了孩子后，我发现我能听到正常人听不到的声音。我所说的“正常人”，指的就是家里的男性。比如，当我家和邻居家都开着电视时，隔着两扇紧闭的大门，我可以听到邻居家里的婴儿在哭。相比之下，我这种能力的神奇之处在于——我的丈夫杰夫即使是和哭泣的孩子同在一间房子里，他也听不到婴儿的哭声。“我以为他在玩儿呢”，杰夫总是这么说。好吧，孩子是在玩儿呢。他的确就是这么认为的。他还以为孩子脸上的紫红色斑点是试图引起大人注意时浮现出的喜悦之色呢。

就像木星一样，我发现我也有了新的“光环”——尽管我对发现自己的“光环”远不如科学家对发现木星的光环那么兴奋。2001 年，我的“黑色光环”开始出现在眼睛下面。一开始我还以为是因为买的卸妆水很便宜，所以卸妆效果不好。但随着时间一天天过去，我开始慢慢接受了现实。

我的情况远比卸妆不干净糟糕得多。新出现的“光环”永久性地镶在了我的眼睛下面。只不过，它们是黑色的、紫色的，而且难以去除。我不得不在打粉底前后涂上遮瑕膏，以掩盖睡眠不足对我造成的伤害。（将近 20 年过去了，尽管那些新生儿已经长大，但黑眼圈依然伴随着我）

说到睡眠，当我还是个孩子的时候，每次妈妈和幼儿园老师想让我睡午觉，我都会顶嘴。现在我真的想收回那些话，好好睡觉。不幸的是，我们无法储存睡眠，然后在需要的时候再提取出来。如果可以储存、提取睡眠的话，那就太酷了。我能想到，我会无数次去支取我的睡眠。

孩子们长大了一点之后，有一次，我连续两晚的睡眠都被打断，痛苦不堪。事情的起因是，我的小儿子埃利奥特临睡前读了一本书，书中描述有一只将近 2 米高的巨型食人鼠。睡前阅读能让大家都睡个安稳觉，你是不是也这么觉得？结果，半夜有人拽我的胳膊。“妈妈，你醒了吗？”我从沉睡中惊醒，猛地坐了起来。好吧，宝贝，我当然醒着。我怎么可能在凌晨三点半还没醒呢？

“我做了一个噩梦。”

什么？就因为书中有一只将近 2 米高的巨型食人鼠，碰巧守卫着一座遥远的、囚禁着一位公主的城堡，他就做了噩梦？我无法想象，但是也没办法。于是我就让他留下来跟我和杰夫睡。

先说明下，我们从来没有和孩子们睡过一张床。只有在极特殊情况下，我们才让孩子睡在我们的房间里，而且是给他们打地铺。因为如果孩子睡在我们床上，就意味着他 / 她要睡在我们的中间。这对任何婚姻来说都不是一种有益的状态——而且影响极其深远。

但那天凌晨三点半，埃利奥特从我身上爬了过去，挤在我们俩中间，导致后来谁也没睡好。因此，我又做了一个重要决定——禁止孩子们在睡前阅读任何关于巨型食人鼠的书籍，并规定只能看温和的兔子和蝴蝶的故事，以免扰乱妈妈脆弱的睡眠。

直到第二天晚上哄睡的时候，我还认为这项新决策执行得相当不错。但在夜里，我又听到："妈妈，你醒了吗？"我翻了个身，揉了揉蒙眬的睡眼，眼前是另一个孩子的脸。这次是女儿艾玛。"我做了一个噩梦。"我很崩溃，难道食人鼠又来了？

我看了看表：凌晨三点十五分。太棒了。我开始猜测，是不是孩子们每晚都在开会，看看该轮到谁去戳醒那只叫"妈妈"的沉睡怪兽。显然，今天艾玛抽中了签。

我还发现，虽然孩子们似乎认为我不需要睡觉，但我的丈夫（同时也是他们的爸爸）却有能力变成一种夜间隐形的、自带逃避属性的生物。他的力量如此神秘，可以完美避开入侵我们曾经宁静栖息地的外星生物的捕获。换句话说，孩子们从来没有叫醒过他们的爸爸！

我下了床，拉着艾玛的手，带她爬上楼梯，回到她的房间。坑过我一次，是你们的小把戏成功了，还让你们坑我第二次，那除非是我傻。我可不想让孩子连续两晚和我睡在一起。

我们回到她的房间，打开夜灯，按照标准操作，给她喝了一口水（希望这口水有神奇的安眠作用）。然后我把她塞回床上。为了不表现得像是世界上最刻薄的母亲，我确实在床边坐了一会儿，抚摸着她的头发，直到她快要睡着了。

查看完孩子们的情况后，我走下楼梯，踉跄着回到床上，刚闭上眼睛休息 45 分钟，闹钟就响了起来，提醒我是时候迎接新的一天了。而杰夫只是轻哼着翻了个身，仍然沉浸在平静而不受打扰的睡眠中。他是怎么做到的？

……※……

当孩子们还很小的时候，杰夫和我决定由我留在家里照顾他们。于是我从职场女性变成了全职主妇，照顾三个非常小、哭个不停的孩子。是的，虽然这也是我自己的决定，但我的乐趣在哪里？那些传说中能自己玩耍的快乐婴儿在哪里？为什么我的孩子总是生病？为什么我的丈夫没有迅速和孩子们建立起感情？他们也是他的孩子啊。

我需要——不，换个准确的词——我渴望，成年人之间的交流。虽然我和孩子共度一整天，但和一个两岁的孩子根本没有什么可聊的。我感觉自己就像是冥王星。我被降级了，我成为一颗矮行星，被困在太阳系的最外层——只剩下孤独、寒冷、自怨自艾。虽然我看起来和别的女人差不多，但我的生活品质却远不如她们。至少我是这么认为的。

这就是我需要药物干预的原因。我觉得自己不如别人的想法和感觉是体内激素肆虐，再加上两年的睡眠不足所导致的结果。我开始产生错觉。

其实我知道这个决定和我走的路都是正确的。这是杰夫和我讨论并选择的最适合我们家庭的道路和计划。我的意思是，看看三个婴儿的日托费用吧。养育婴儿的花费往往高于蹒跚学步的幼儿花费。如果我出去工作，那么我的全部薪水都得花在孩子们的日托费上。

（除了费用太高，还有一个原因，那就是按照法律规定，大多数日托机构只允许每个照管员最多同时照顾两个婴儿。因为大多数日托中心已经至少有一个婴儿了，所以这三个孩子可能会在三个不同的地方度过好几年的时光。）

我对于“被降级”（不知道这个词是否准确）这件事的大部分焦虑感都可以通过看医生和睡觉来解决。现在当我回想起孩子们都很小的时候（这让我突然惊出了一身冷汗），我想起了那些错过的记忆。我太累了，我睡得很少很少。整个家似乎都陷入了极限的维持生存模式。

伴随着养育孩子的奇异冒险而来的，还有一些其他的东西，比如《第三类接触》[①]（*Close encounters of the third kind*），或者更通俗地说，双方的家庭融合和姻亲关系，即通过婚姻融入大家庭。

① 美国哥伦比亚影业公司出品的科幻剧情片。该片讲述了世界各地发生神秘事件，之后一批外星人来到地球，和地球人做心灵的沟通的故事。

当我以为艾玛快要出生时（生艾玛的时候有好几次都是虚惊一场），杰夫和我曾在医院里来回踱步了一整晚。我真的想让艾玛快点从肚子里出来。我已经打定主意，绝对不再怀孕了。但艾玛真的很喜欢掌控一切。我想知道她从哪学来的控制欲。我怀孕的时候她就这样，直到今天还是这样。我猜也许是有其父必有其子。

不管怎么说，当时我在医院大厅里走来走去，突然想和我妈妈说说话。这种心情应该非常容易理解。我没带手机，但没关系，因为杰夫带了。我在他的联系人列表中翻找我妈妈的名字，但是越翻越沮丧。

当我还是个孩子的时候，我能记住每个人的名字和电话号码。现在我的手机里也存着亲人和朋友的信息，但如果我经常和某个人通电话，他/她就会出现在我的“收藏夹”里，所以我甚至不需要记住对方的姓名。当我怀着艾玛来回踱步的时候，我突然想不起我妈妈叫什么了。别慌——我确实记得她姓什么——甚至一度记得她的名字。

我没想到杰夫会把她的号码存在手机里的“妈妈”一栏，于是在几分钟里，我一直在找她的名字，其间还伴随着几次相当强烈的宫缩和阵痛。我把手机扔向杰夫，大声喊道：“我要和我妈妈通话！我知道你手机里存了！她的号码在哪儿？”

杰夫把手机拿好（他好不容易才接住这个差点掉在地上的手机），平静地翻看联系人名单。几秒后，他把手机递给我，说道：“宝贝，就在这里。在‘半路妈妈’一栏。”

我只是盯着他看。现在回想起来，我能看出这个绰号的幽默感和恰如其分，简直再合适不过了。但在当时，在那个晚上，这并不好笑。

要顺利度过养育子女的过程，接触到尽可能多的几代人是很不错的做法。当我的孩子出生时，我们家已经是五世同堂，这简直太酷了。这个世界上没有哪一本指南可以告诉你应该怎么和这么多人打交道。你们聚在一起的时候能做些什么？你该怎么跟每个人打招呼？如果某一代人开始年老失智，又会发生什么？

虽然我的孩子们已经是家族里的第五代，但只不过短短几年里，我们这个大家庭就迅速缩小到只剩三代人。在我的小儿子出生后不久，我们就失去了几位女性长辈——先是我的曾祖母，然后是我的祖母——不久之后，我的祖父也去世了。最后两位是我妈妈的父母。由于她的父母都离开了，所以我妈妈也决定要做一些改变。我不曾料到会发生这样的变化。

我来自一个个体户世家。由于受到压力驱使，家人都工作得十分努力。我的父母也不例外。在过去的 25 年里，他们一直在北奥斯汀（也在得克萨斯州）经营两家非常火爆的餐馆。其中之一是间小快餐店，它的前身就是停车场里的一辆移动餐车。在我的中学时代，这辆餐车就是我的噩梦。每个夏天，我都要在那里工作。后来我通过了驾照考试，于是我放学后的时间也都要来做帮工。

我父母的生意从那辆简陋的小餐车开始（最初只是在停车场占有一个位置），后来搬到了购物中心的一个长期店面。他们的生意也日益兴隆。几年后，我父母在家附近的那条路上又开了一家新的餐厅，打造出一家原汁原味的意大利餐馆。值得庆幸的是，当这间意大利餐馆开张时，我已经搬到了休斯敦，再也不需要去帮他们搬运饮料或装满食物的沉重餐盘了。

不过，我的三个妹妹就没这么幸运了。父母安排她们三人在这两间餐厅承担不同的任务，并学会以家族事业和经营生意为荣。这两家餐厅都在奥斯汀广受好评。《奥斯丁美国政治家报》(*Austin-American Statesman*)甚至撰文介绍这两家店的招牌美食、商业魅力和店铺环境。他们的生活虽然忙碌，但很充实。一天下午，我接到了妈妈的电话。

我:"你好吗，妈妈?"

妈妈(激动地回答):"我有一个好消息要告诉你!"

我:"你说。(我按住话筒)伊森，别扔那个。"

妈妈:"我们把小吃店卖了!"

我(无语):"你说什么?"

妈妈:"我说我们把小吃店卖了!卖给街尾的托尼(Tony)了!"

我:"妈妈，你生病了吗?爸爸呢?他知道这件事吗?"

妈妈:"他知道!我们还决定把意大利餐厅也卖了!"

我(走进房间，关上门，坐在地板上):"为什么呢?"

妈妈:"我们把房子也挂到克雷格列表(Craigslist)网站[①]上了。"

---

① 一个大型广告网站。

我："妈妈，别冲动。有什么事你可以跟我说，我可以帮忙。"

妈妈："为什么要你帮忙？我们很好。你爸爸和我要去考卡车驾照。"

我："对不起，请再说一遍，你们要做什么？"

妈妈："考卡车驾照。我们要当卡车司机。"

我："妈妈，我必须问清楚。这到底是为什么？"

妈妈："嗯，我们想去乡下转转，但房车太贵了。学了卡车驾照我们就既能出门，又能赚到钱。对了，我们要把你最小的妹妹送到休斯敦，和你一起住。"

我挂了电话。

这就是第三类接触。

……※……

看吧，谁会做出这种事？谁会放弃 25 年的成功事业，去当一名卡车司机？答案是我的父母。他们确实去卡车驾驶学校学习了。我以前都不知道还有这样的学校。不过这也让我感觉好一些，因为现在每当看到那些 18 个轮子的大卡车在路上飞驰，我起码知道那些司机都是经过正规培训的。

我问妈妈，卡车厂家能不能帮她把油门改装一下，以防她够不到，因为她的身高不到 1.5 米。虽然我觉得这的确是个问题，但我妈妈并不喜欢这个玩笑。最后他们买了一辆巨大的消防红色的半挂车。

谢天谢地，他们的房子并没有在克雷格列表网站上卖出去。于是他们又寻求了一位专业房地产经纪人的帮助。但这也遗留了几个问题，确切地说是三个麻烦。我有三个妹妹。她们都比我小很多很多。妈妈说她要把最小的妹妹克里斯蒂娜（Kristina）送到休斯敦跟我一起生活，这可不是开玩笑。杰夫和我本可以当场拒绝的，但我真心觉得如果有她在身边，那会很有趣。

于是，我那 20 岁的小妹妹真的搬过来了。上帝让孩子出生时都是婴儿而不是 20 岁，这的确是有原因的。如果孩子们在 20 多岁的时候来到我们身边，我们的家庭就会迅速地崩溃瓦解，而且无法修复。我当然爱我的妹妹，但在她的“禁闭期”——她和我们在一起的这段时间——有好几次，我都想着能把她打包寄回给我父母。

克里斯蒂娜本来要和我们在一起住上 9~10 个月的。这段时间应该足够她在一所美容学校就读并取得发型设计师执照。但是，由于她三天打鱼两天晒网的学习态度，一直过了 18 个月，她仍没有完成学业，也没有获得执业证书。在她来之前，答应过要帮我收拾屋子，但实际上她什么忙都没帮上。更离谱的是，我又要多打扫一个人的卫生，多了一张嘴要喂饱。

而且，我的“母性雷达”会在每天凌晨 2~3 点开启，提醒我她仍然没有回家。这让我非常担心，甚至最严重时已经开始产生幻觉：如果我妹妹在我这里出了什么事，妈妈会不会杀了我？第三类接触——让人彻夜难眠。

此时，我父母和另外两个妹妹已经决定在阳光明媚的加利福尼亚州的圣迭戈安家（在那里我可以有专门的机会与家人开展一次近距离接触——而且我喜欢加利福尼亚州，但得克萨斯州人和加利福尼亚州人非常不同）。我尽力用最圆滑的语言给妈妈打了电话，告诉她，如果她想让她的小女儿完好无损，而不是过上乱七八糟的生活，她就需要把那台大卡车开到休斯敦来，把她接走。

我的神经根本无法承受再给一个21岁的“孩子”当监护人了。我自己那三个6岁、7岁和8岁的孩子已经让我忙得不可开交，尽管他们4个的行为方式确实非常相似。最后的结果是，我妹妹回归了父母所在的大家庭，从那以后，我们一家独自住在得克萨斯州。我所有的直系亲属都在1400英里①外的加利福尼亚州。从此，我人生的主题曲就是“All by Myself”（即完全靠自己），但我很开心。

如果你认为只有我的家人会被我比作外星生命，那就太片面了。我亲爱的婆婆也为我的外星探索之路提供了丰富的素材。卡罗尔和我们一起生活了大约一年半，在这段时间里，她对家庭的帮助让她在拿生活开玩笑的时候拥有了相当大的主动权。话虽如此，她在生活的另一个领域实在是做得太好了，功劳不容抹杀。

大约在我父母从中年危机的悬崖上一跃而下时，他们一定

① 1英里=1.609344千米。

给卡罗尔打过电话，因为卡罗尔对他们的疯狂行为大加赞同并盲目追随[1]。在我接到妈妈电话几个月后的一天，杰夫回到家，他的表情，毫不夸张地说，沮丧得就像是刚被汽车撞了一样。我喉咙哽咽，胃里打结，忙问他发生了什么事，心里想着也许是有家人去世之类的坏消息。

结果他说："我妈妈要开始骑行了。"

我当时是多么聪慧和天真，我心里想，嗯，这很好啊。她可以锻炼一下，这对她有好处。于是我就这么告诉杰夫。

他面无表情地盯着我。"不是这样的，宝贝。她买的不是一辆自行车，而是一辆摩托车，就像哈雷（Harley）摩托车一样。但她买的不是哈雷，她也不喜欢哈雷，所以你千万别把她的本田（Honda）公路赛车和哈雷搞混了。"

我又一次目瞪口呆地坐下。第三类接触。我的家人到底怎么了？

卡罗尔在拥有摩托车的第一个周末就去参加了安全课程。为此，我心怀感激。至少孩子们的祖父母都很注意安全！孩子们觉得，他们的奶奶骑着摩托车，姥姥和姥爷开着大卡车，简直是太酷了，实在无法用语言形容。但杰夫和我想知道，我们的角色到底是什么时候完成转换的——我们从什么时候成了全家最负责任的人，成了父母的监护人？

① 原文"drink the Kool-Aid"是一句俚语，意为毫无条件、不加置疑地盲目信任或追随某个观点或事物。

对我婆婆来说，拥有一辆摩托车仅仅是个开始。要真正了解这辆车，就必须与它融为一体。要做到这一点，就必须能够将它完全拆开，然后（在理想情况下）用少量剩余零件再将它组装起来。很快，我开始把 1 加仑[①]的牛奶罐存起来，不是为了孩子们在学校每年一次的建造冰屋活动，而是为了婆婆在她家搞的机械派对。他们需要一些东西来装油箱里排出的油，牛奶罐似乎是最合适的。

卡罗尔还加入了一个“协会”（我猜是一群骑这种摩托车的人创办的组织），他们经常骑着车在得克萨斯的丘陵地带转悠。我很高兴她没有经常一个人出去。我非常相信一句老话，那就是“人多力量大”。

她懂得如何开摩托车。她坚持佩戴护具，我们也经常给她买新头盔作为圣诞礼物，不是因为她把头盔戴坏了，而是因为她想要最新款的和最安全的，而且她很注重这一点。这是我们所能期望的最好结果了。

我可以诚实地告诉你，毫无疑问，我从没想过会遇到这个类型的“外星人”探险闯入我的生活：他们是一组卡车司机和一位摩托车手。还有比这更疯狂的吗？

……※……

人们经常谈论太空中的不明飞行物。我并不相信真有小绿人乘坐宇宙飞船飞来飞去，就像我也不相信我的父母或婆婆会

① 1 加仑（美）=3.785411 升。

做出上述的事情。所以，说真的，我的认知是准确的吗？

但我想说的不明飞行物是另一种，我称它们为“独特的家庭气场”。只要你把两种不同的人拉在一起，就会发生有趣的事情。我能告诉你，杰夫的临危不乱让我很开心吗？我第一次带他回家见我的家人，以女性的标准来说简直是一场噩梦。虽然我觉得很丢脸，但他却能够泰然处之。

我在休斯敦的时候认识了杰夫。我说过，当时我全家都住在奥斯汀。和杰夫约会几次之后，我就很确定自己遇到了完美的另一半——他就是我的“真命天子”，我的白马王子。我必须要带他回家见我父母。大概三个星期后，我打电话给妈妈，告诉她我周末要带杰夫回家。她震惊得说不出话来。

我已经很多年没带人回家了。我妈妈很好奇我给杰夫灌了什么迷魂汤。（对我妈妈来说，我决定带他回家就代表要让他融入我家）我特意央求她不要把杰夫吓跑，让她交代爸爸好好表现。在我们从休斯敦开往奥斯汀的路上（车程两个半小时），我的手机响了，是我妈妈打来的。她告诉我们，即将见到我们她有多高兴，并向我们解释，我们到家时可能见到“多几个人”。

我的心猛然一沉。我了解我的父母。这些年里，他们全身心投入经营餐馆。我妈妈口中提到的“几个”，那就可以自然而然地理解成至少 50 个。我很想调头回去，但是已经开了一半的路程，只好硬着头皮继续前行。

当我们快到达时，我拼命地试图保持冷静。有几个因素对我很不利，第一个因素就是，他们搬到这所房子的时间并不长，而我的方向感又是出了名的糟糕。我不想告诉我的新男友，我并不确定我父母到底住在哪里。

第二个因素与第一个因素密切相关。当我们开进小区时，我以为走错了路，因为道路两边都停满了车。没有哪一条车道上有空着的停车位，也没有哪一栋房子前面有空位。

由于无法看清房子，我分不清哪一栋才是我父母的家。慢慢地，我终于意识到眼前的景象代表着什么。这么多车都是因为来迎接我们回家才出现在这里的！我深吸了一口气，指着一处房子说："那边有个地方。"

"看起来是谁家在开派对。"杰夫说。

是的。确实如此，我想。我现在应该告诉他真相吗？或者我应该等着看看他到底会做何反应？如果我现在告诉他，我很可能需要自己找车返回休斯敦。

我们下车步行，我带着他在看起来像父母家的房子周围边走边找。

"可能这些车的主人现在都在我爸爸妈妈家。"我说出这句话的时候，尽量让自己听起来很随意。

他停下脚步，问我，"为什么？"

"嗯，因为我已经很久没带人回家了。大家都很好奇你是个什么样的人。会没事的，随它去吧。"当我们牵着手继续往房子走的时候，我希望他没有感觉到我的手在颤抖。

多亏了我的一个小妹妹在楼上的窗口把风，我父母及时出现在门口迎接我们。爸爸握了握杰夫的手，然后告诉他，当天早上他们就在网上调查了关于杰夫的一切情况。爸爸接着说："嘿，我这样做是为了确保你不是一个人渣。你知道，她可是我的宝贝女儿。"

我用目光向妈妈求助。她摇了摇头，把我们都拉进家里。我简直不敢相信，这里竟然有这么多人。到处都是人！

好吧，果然是没人相信我会带人回家，因为，就像我说的，这种事已经很久没有发生了。杰夫表现得非常好，毕竟关于他的背景调查已经做完，还有几名奥斯汀警察（他们是我父母餐馆的常客）穿着制服在那里，等着询问他的驾驶违章和犯罪记录。相比之下，去认识我的祖父母、阿姨、叔叔，以及大部分大家庭成员，对他来说简直是小菜一碟。

更让人难以忍受的是，有一群人围着他转，想打探他的确切意图，问他是否真的打算和我结婚。他们还想知道，他是否愿意每次要求我为他生个孩子时，都给我买一枚一克拉大的钻戒？我的天呐！那个时候，我就拿过一根吸管插进香槟瓶里，坐到沙发上，等着对他的"审讯"结束。

杰夫从容地应对这一切。他对这些专程为了关注我们而来的人感到受宠若惊，并对我们之间紧密的家庭关系感到十分惊讶。他似乎一点也不为这些人强加给他的巨大期望所困扰。这可能就是男人和女人之间的最大差别。

如此独特的家庭气场。所以说，我们离家远远的，也没有什么好奇怪的吧？

……※……

我家的“独特气场”并不止于此，完全不止。它一直伴随着我们步入婚姻生活——一直如此。

在经历了奥兰多机场的背包腕带事件之后，我发现对于一个五口之家来说，坐飞机旅行可能不是最好的方式。我们买了一辆巨大的越野车，车上全是独立的座位（这样孩子们就不用推推挤挤了），还配置了最适合长途汽车旅行的发明——DVD 播放机！我们开着那辆车去过佛罗里达州两三次。我也记不清了，我觉得这些年我的脑细胞并不像大腿上的脂肪细胞一样分裂增殖。我们还开车往返过加利福尼亚州一次。我独自带着三个孩子的那趟旅行证明我的脑细胞正在加速死亡。我们把车开遍了得克萨斯州，考虑到这个州的面积，这应该算是全州旅行了。

几年前，我们参加过杰夫那边的一个小型家庭聚会。我的公公想要和他的三个兄弟，还有他们的几个孩子，以及我们一起聚聚。我们觉得这会很有意思，于是把狗送到寄养中心，开上越野车前往肯塔基州。

我很幸运拥有很棒的公婆，大部分时间里我们相处得都很愉快。他们都很风趣，也很随和。当你必须花大量时间与人相处时，就会发现这是两个极其珍贵的品质。

有很多次，我们带着孩子们越过州界，他们中的某一个就会（在不恰当的时机）非常大声地问一些不合时宜的问题，这总是让我感到难堪又惊讶。例如，艾玛就曾在路易斯安那州的一家福来鸡[①]（Chick-fil-A）问道：“这里的人说英语吗？”我

① 美国最大的鸡肉快餐店。

可以肯定，柜台里的工作人员并不认为这是个好问题。（我没有回应她的问题——那一刻，我不为自己的方向感太差而苦恼，而是十分羡慕那些不必开车穿过路易斯安那州去肯塔基州的人。）

我们一直告诉孩子们肯塔基州也叫蓝草之州（Bluegrass State），这极大地引起了艾玛的兴趣。她总是在寻找蓝草。在开车的时候，我会指着窗外告诉她说："快看，艾玛！你看到了吗？在那里。蓝草。"她会回答说她没看见，然后就很失望，直到下一次蓝草出现，还会再来一遍同样的对话。我几乎要抓狂了，但男孩们似乎一点也不关心蓝草。

我们住在杰夫叔叔家附近的湖滨小木屋里。它有三间卧室，对我们来说非常完美。男孩的房间有两张单人床，艾玛的房间有一张大床，我们的房间也有一张大床和一台电视。最让我吃惊的是它的价格：我们也在得克萨斯州的德克萨肯纳住了一晚，那里的酒店价格比我们在这里住两晚的费用还要贵，而且那里的酒店房间并不好！我猜大概只有一星级，顶多是二星级。

和杰夫家人在一起的大部分时间里，我的公公，丹（Dan），都在和他的三个兄弟毫不留情地互相揭老底。作为成年人，他们其实都知道应该在晚辈面前怎么表现。但我想错了，这只不过是一个"手足之争"的老年升级版。他们讲述小时候对彼此做过的傻事，讲述年轻时做过的傻事，甚至讲述了现在做了爷爷以后做过的傻事！他们逗得我很开心，笑得眼泪都流出来了。

然后我又不免有些担心。毕竟，我孩子们的身体里，也继承了同样的 DNA。我的孩子们到底会如何对待彼此？愿上帝保佑我们吧。

当孩子们觉得聊天没意思时，我们就绕着房子走一圈，走到马路对面去。人在乡下的时候，总是很容易就“横穿马路”。

在一次散步时，我们决定带着孩子们和几个表兄弟做一些射击练习。我们在两个锯木架之间搭了一个 2 格乘 4 格的木架，搭起木板放了 6 个罐子，然后往回走了将近 40 米。杰夫问孩子们谁想先试试，伊森马上举起手。杰夫接着介绍了一些基本规则：

1. 永远不要用枪指着任何人。
2. 在准备好射击之前，只准把枪管对准地面。
3. 准备射击之前一定要打开保险。
4. 除非有成年人陪同，否则不许碰枪。

……※……

对于杰夫的每一个命令，伊森都响亮地回答：“遵命，先生！”杰夫给一把 17 口径的小步枪装上子弹，递给当时只有 8 岁的伊森。伊森摆好姿势，闭上一只眼睛，然后开了枪。

砰！一个罐子倒下了。砰！第二个罐子也倒下了。砰！砰！砰！砰！

他拨动保险开关，枪管朝下，慢慢地把枪递给他爸爸。他甚至没有丝毫害怕，而且击中了每一个罐子。我简直不敢相信！伊森是一个对所有军事战术和两次世界大战都有着非凡迷恋的孩子。我在他身上看到了一个未来的军事迷。

我想他有如此精准的射击技术也不足为奇。我们来自一个狩猎世家。在得克萨斯州，我们常去打猎，既是为了获取食物，也是为了玩，有时还会去射击场。因为每到周六下午，没有比这更有趣的事情了。是的，我可以说我就是一个名副其实的“乡巴佬”。显然，我和丈夫也培养出了一些“小乡巴佬”。

至于那天另外两个孩子的表现嘛，埃利奥特只击中了一个罐子，而且我不能百分之百确定它不是被风吹倒的。而艾玛不想和这种特殊的消遣扯上任何关系。我们发现她更擅长使用弓箭。她拉弓的姿势很标准，后拉有力，放手动作也很好。令人惊讶的是，就她的体型而言，她不仅击中了目标，而且让箭扎了进去。

我很高兴，或许当人类文明终结时，我们都不会挨饿。每个人都能给餐桌上带来一点新鲜且令人兴奋的食物。不过，有一个问题：我是唯一知道怎么把这些东西做熟的人。

外星人探险之旅。第三类接触。独特的家庭气场。

……※……

我们还有一个之前没有介绍过的家庭成员，它的名字叫纳尔逊（Nelson），它对我们来说很特别。我们自驾游的时候基本都依靠它。除了有几次，因为限行原因，我们不得不把它留在家里。比如这次，我们没有带它来肯塔基州。但只要我们住在得克萨斯州，它就是我们最喜欢的搭档。

纳尔逊就是我们家的旅行拖车。

当我嫁进杰夫家时，就知道他们相当喜欢“户外”活动。杰夫的继父吉姆（Jim）喜欢露营。刚开始时我不太感兴趣，那是因为我之前完全不知道，吉姆所做的露营是那种奢华的乡间露营。也是他把纳尔逊推荐给我们的。

也许你听过这样一句话：在得克萨斯州，什么都很大。没有比这句更真实的话了，纳尔逊更是完美地诠释了这一点。它足有12米那么长，配备两间卧室和两间浴室，一间厨房加餐厅，还有一间足够放一张双人折叠大沙发的客厅。如果需要的话，我们一家都可以在纳尔逊的“大肚子”里住下。

这个大家伙名字的由来是：在我的家乡，乡村音乐很流行，我最喜欢的音乐家之一，也是真正伟大的乡村音乐家之一，就是威利·纳尔逊[①]（Willie Nelson）。他的歌曲《再次上路》（*On the Road Again*）是各地吉卜赛人的圣歌。我不想给这个大家伙起名叫威利，但纳尔逊就很好听。就是它了！

我们之所以把狩猎季节当作最美好的记忆，不是因为我们都骑着四轮车，带着猎枪四处捕猎毫无防御能力的动物，而是因为我们很享受与家人和朋友之间的情谊。我们在野外待了很久，这里没有互联网、没有有线电视、没有卫星电视、没有

---

① 1933年4月30日出生于美国得克萨斯州，美国歌手、吉他演奏家、歌曲创作家。

Wii 游戏机。作为一家人，在野外的时光使我们紧紧地团结在一起。

孩子们玩石头和树枝，用雪松树枝搭起堡垒。虽然他们会过敏难受一个星期，但重点是大家都玩得很开心。他们徒步上山，寻找小鹿白天可能栖息的巢穴。他们追踪动物的足迹，学会如何观察豆科灌木，寻找“擦痕”，也就是雄鹿在灌木上摩擦鹿角绒毛的地方。孩子们还学会了如何生火，是真正“从无到有”地生起一堆火。他们还懂得了火焰很烫，不能触碰。强调一下：他们了解这一点的代价是每个人都尝试并被烫了一次。

城市生活削弱了人们的基本生存技能。我们已经失去了自己动手做事的那种兴奋和喜悦，因为我们已经过分适应并依赖于现代科技带来的便利。不要误会，我也很享受现代科技！我和其他女人一样喜欢足疗，每两周做一次指甲，也有一些女孩子的小毛病。

但我认为，我们必须教会孩子们如何在野外生存。我们必须让他们明白，生活中还有比最新款的电子游戏或鞋子更重要的东西。

另一个世界正等着我们去探索。在这个世界里，姥姥们开着巨大的红色卡车，奶奶们骑着炫酷的摩托车。这是一个充满泥土芬芳和湍急溪流的世界。孩子们将学会观察宠物和野生动物之间的不同，能分辨出无毒的蛇和被咬后需要急诊抢救的毒蛇之间的区别。

养育子女也是最后的疆域。我们将面对来自其他世界的“外星人”，他们伪装成可爱呆萌的人类（也就是我们的孩子）侵入我们的生活。我们将面对第三类接触（也就是通过婚姻融入的大家族）。但无论如何，只要我们团结一致，就能坚持下来。

6

喂鱼很有趣

众所周知，我来自南部州郡。实际上，我的老家属于西南交界，这也导致我对得克萨斯的一些词汇产生误解。在得克萨斯，人们最常用的东西之一就是强力胶带（duct tape，常用于维修或粘贴管道漏洞）。很长一段时间，我都以为这个词是“鸭子”胶带（英语中 duct 和 duck 这两个词发音很像），于是时常不解，为什么胶带要用嘎嘎叫的鸭子来命名。直到有人向我解释它实际上是黏管道的强力胶，可以用来修理空调管道一类的东西，我才恍然大悟。好吧，我学到了。

不管怎么说，在得克萨斯，人们干什么都会用到强力胶带。毫无疑问，这是自锤子问世以来，另一件用途最多的工具之一。我们用它来完成学校的工程，也用来修理破损的窗户。我们甚至用这种胶带来固定汽车保险杠，我的一个邻居就一直这么干……

最近我发现，除了经典的银色强力胶带，制造商还很明智地推出了新款，比如专为女性群体设计的时尚颜色。你可以买到非常时髦的强力胶带，比如艳粉色、亮红色、暗黑色，甚至是迷彩绿或迷彩粉色。如果用谷歌搜索一下“强力胶带舞会礼服”，我保证你会瞠目结舌，需要拿出一卷强力胶带才能把嘴合上。

为什么要告诉你这些？因为已经有人在孩子们身上使用它作为绑带（也有人称为婴儿背带）。我有一种非常讽刺的幽默感，在过去我可能会说，想培养出听话的好孩子，只需皮带和胶带就够了——不过我是在开玩笑而已。

强力胶带有一些很好的创造性用途，但用胶带缠住儿童并不可取。2011 年 2 月 17 日，加利福尼亚州圣贝纳迪诺（San Bernardino）一名叫丹妮拉·希金斯（Danyella Higgins）的妇女就因为危害儿童（她两岁的孩子）安全罪而被捕，当时她用胶带绑住了孩子的手、脚和嘴，还拍下了孩子的照片，并将照片发给了朋友。这位朋友马上报了警，警方随即派人前往该女子的住所。

他们发现孩子毫发无伤（只不过身体的几个部位还留有一些强力胶带粘贴过的痕迹），而这位 19 岁的母亲则喋喋不休地为自己找借口，她表示自己只是在用胶带封窗户时，想象在孩子身上贴强力胶带也会很有趣。警察立即将孩子从她身边带走，交由儿童保护机构监护。

你觉得这张照片有什么问题？我从中想到了好几个问题。在这一章中，我们将分析这些问题，并探求深层次的原因。最明显的问题是：谁会用胶带黏住自己的孩子？难道她不知道这是违法的吗？我猜，最有可能的答案是，也许她真的不知道。这位母亲当时只有 19 岁，她自己也不过是个大孩子。很可能没人告诉过她，用胶带黏住孩子是不行的。对你我来说，这听起来似乎理所当然，但有时这才是问题的关键。

回想一下，你是怎么学会系鞋带的？总得有人来教你。一定是有人告诉你，需要先坐下来，他 / 她再教你如何用鞋带打圈、反转、拉紧或是打上兔耳朵形状的蝴蝶结。为人父母也是如此。我要奉劝正在阅读这本书的读者，如果以前从没有人告诉过你这些，请记住不要用胶带黏住你的孩子。我会帮助你用更人道的方式管教孩子，同时保持自身清醒。

让我先做一个小小的免责声明：毕竟我是一个秉持“老派”作风的家长。但先不要被我吓到，听我说吧。

我家附近有一家大型宠物店。你知道那种店铺，它的占地比两个足球场还大，气味比三间更衣室加起来的味道还强烈两倍，让人感觉就像是徘徊在发霉的沼泽里。在你穿过自动门进入店里的一瞬间，笼子里鸟儿的尖叫声和仓鼠的滚轮声就会猛然冲进你的耳膜。

一天下午，我和孩子们走进这个动物乌托邦去买狗粮。我平时不太喜欢带他们去宠物店，因为这里的诱惑太强烈了。这里简直就是宠物行业版的绝地武士基地（Jedi Force，科幻系列电影《星球大战》中的重要组织），吸引着孩子们难以克制地想养一只雪貂或是爬行动物。他们总是忍不住向我提出这种要求。

在那特别的一天，原力[①]（the Force）显然也对我起了作用，所以当他们提出去看鱼时，我同意了。结果，我们买了一袋35磅重的狗粮和一罐4盎司[②]的鱼食才离开宠物店。孩子们说服我相信，如果没有这条漂亮的小蓝鱼，我们的生活就不够完整。当然，养鱼就需要买一个鱼缸，一些海洋植物摆件，一个供小鱼玩耍的城堡，还有一些铺在缸底的小石头。

回家时，伊森牢牢地把弗利比（Flippy，他们给小鱼起的名字）捧在手里，另外两个孩子也每人拎着一样“珍贵”的东西，这样他们就会觉得弗利比的到来是每个人都努力的结果。这是我们家养的第一条鱼。大家养过鱼吗？我只知道一些粗浅的养鱼知识，除此之外，一切都得边做边学。

首先，我知道，为了弗利比的生命安全，它绝对只能待在鱼缸里，这一点毋庸置疑。尽管我们为弗利比只能在水里游来游去，翻来覆去地欣赏同样的景色而感到难过，但鱼缸为它提供了维持生命所必需的栖息地，如果它离开鱼缸，就会死。我们不时给鱼缸换个位置，好让弗利比看到新的风景，但万万不能把它从鱼缸里拿出来。

我对小鱼的另一方面了解来自它们的进食方式。鱼食看起来就像碎小的颗粒。当我摇动盒子把鱼食倒出来时，它们就

---

① 《星球大战》系列作品中的核心概念。原力是一种超自然的而又无处不在的神秘力量，是所有生物创造的一个能量场，同时也是绝地武士和西斯尊主两方追求和依靠的关键所在。

② 1盎司≈28.350克。

轻柔地浮在水面上，盘旋一会儿才被小鱼偷偷从下面游上来吃掉。

不管我们喂多少鱼食、隔多久喂一次，弗利比总是来者不拒。这对孩子们来说是一种非常有趣的消遣，但对可怜的小鱼来说却是致命的诱惑。于是我制订了一个时间表，让孩子们轮流给他喂食，尽量避免扎堆现象。这个方法在一段时间内很有效果。

然而，随着时间的推移，原力太强大了，孩子们的抵抗力根本不是它的对手。事实证明，弗利比对美食也毫无抵抗力，它就像是超级贵宾，随时可以享用丰盛的自助餐食。在非常悲伤的一天，弗利比竟然真把自己撑死了。为什么？怎么会？我知道喂鱼很有趣，但这对小鱼来说并不是美好的事情。凡事都要有尺度，一切都要有规则——对孩子们来说也是一样。

……※……

孩子们需要安全感，就像鱼需要在鱼缸里一样。我不是建议你把孩子放在一个绝对安全的“鱼缸”里，但孩子的行为需要界限。界限才能保证他们的安全。如果没有界限，孩子们就会迷失方向，走得太远，进入不熟悉的领域，最后发现自己陷入巨大的困境。

举例来说，当孩子们还是婴儿的时候，我们给整栋房子都做了婴儿防护。我们给所有橱柜的柜门都安装了磁力锁。回想起来，我们更应该把磁力锁安在存放清洁剂的橱柜柜门上。我们还给家里的每个插座都盖上了塑料盖。在孩子们学会怎么把它取下来之前，这个防护装置一直很好用。不过令人惊讶的是，即使没有盖子，孩子们也没有发生触电事故。在儿童安全方面，我们做过的最好投资就是在楼梯的顶部和底部都安上了门。

除了这些调整，家里的其他东西都保持不变，这栋房子仍然是我和丈夫的“主场”。孩子们是老天的恩赐，但我们不想仅仅因为现在有了几个孩子就失去享受生活的能力。

当然，有一段时间，我们家的客厅确实与FAO施瓦茨玩具店[①]（FAO Schwartz）的展厅非常相似，这也是意料之中的事（毕竟我们在两年内生了三个孩子，肯定需要重新布置客厅），但房子的基本结构没有改变。当然，给孩子设定这些“界限”一开始肯定不会立竿见影地收到喜人的效果，但它们最终会带来回报。

……※……

在三个孩子还都是婴儿时，我以为他们说出的第一句话一定是“不行”，因为那时我最常说的话就是“不行”。每次他们中的哪一个爬上楼梯，我都会说“不行，不行”。狗食碗是他们最喜欢的地方，我也总是说“不行”。狗粮对狗来说是很有营养的，但对婴儿来说却不是，可我的孩子还是吃了很多，直

---

① 世界上最古老、历史最悠久、最具标志性的玩具零售品牌之一，由弗雷德里克·奥古斯特·施瓦茨（Frederick August Otto Schwarz）于1862年开设。

到他们自己发现狗粮的味道其实不太好。

狗狗的水碗是孩子们的另一个有趣玩具。他们把许多摇来摆去的不倒翁丢进水碗里面。我放在低矮架子上的照片也经常被他们拿来玩。尽管如此，我还是选择把这些照片摆在原来的地方，并没有移动它们。

我父母从德国给我带来一座布谷鸟挂钟，它就像野餐时的蚂蚁一样吸引着三个孩子的注意力。布谷鸟挂钟下面垂着一条长长的链子，所以需要把挂钟悬挂在离地面至少 1.8 米的地方，才能给链子留出足够的摆动空间。正是这些链条的来回摆动给时钟上紧了发条，让可爱的小布谷鸟叫个不停。

我该做些什么来防止这只挂钟惨遭孩子们的“毒手”？我有下面几个选择：

1. 把时钟从墙上取下来，这样就一劳永逸地解除了三个孩子总想拽断链子的威胁。

2. 把时钟移到更安全的地方。这样就不用把它收起来，还能保证安全。

3. 告诉这三个精力充沛的捣蛋鬼，这是我的房子，里面有些是我的东西，而他们也有很多自己的东西可以去摸、去吃或是去破坏，但他们不能把胖乎乎的小手（尽管他们的小手是非常可爱的胖乎乎）伸向我的布谷鸟挂钟。

……※……

我选择了第三个选项，让我来告诉你为什么：如果我们的家是孩子们唯一能接触到的房子，我会很乐意把所有东西都搬到他们够不着的地方，但这是不现实的。我有许多朋友，其中有些朋友还没有孩子。当我去她们家拜访的时候，我希望能带着孩子们一起。更重要的是，在带着孩子去别人家拜访过一次之后，我希望还能有下一次。所以我们不想把房子里的所有东西都搬到离地 1 米多高的地方，这样他们 3 岁之前就够不着了——大概 3 岁左右，孩子们会形成这样的意识，觉得自己才是房子的主人，想碰什么都可以。

这也是我每年都会精心装饰整棵圣诞树的原因。我会告诉孩子们："没错，这棵树很漂亮，而且也非常可爱。宝贝，我知道你想碰它，但你不能碰，因为它不是你的。"孩子们都很聪明，我只需要告诉他们爬到圣诞树顶端很危险，而且那棵树并不是他们的就可以了。

不过，这些东西一旦涉及传家宝，我们就需要遵守一些常识。比如，从你的曾曾曾祖母那里传下来的装饰品就可能需要等到孩子长大以后再拿出来，或是先把它放在树顶上。还有，我奶奶给我留了一幅耶稣诞生图，这对我来说就是无价之宝。尽管我的孩子们早已过了"想触摸一切"的阶段，但我仍然把它放在没人能碰到的地方。因为如果它发生什么意外，我会心碎的，毕竟我奶奶已经不在了。

大多数时候，我们告诉孩子"不行"，都是有充分理由的。有时候是为了他们的安全，有时候就是因为我们不允许他们那么做。无论如何，我们作为父母，都应该坚持立场。

……※……

孩子是最聪明的“罪犯”之一——我是指对于世界上的成人而言。从很小的时候，孩子们就展现出这种天赋。他们无须别人出谋划策就懂得如何操纵局势，这种能力似乎已经刻在他们的基因里了。这些话听起来很有趣，但亲身经历却很糟糕。接下来我就要跟大家分享我的那些“最难堪时刻”。

伊森大约10个月大的时候，杰夫那边的亲戚——杰夫的爸爸和继母，丹和琳达（Linda）——从科罗拉多州飞过来看他。他们是世界上最可爱的人，非常随和，几乎从不与人争执。他们抵达得克萨斯州的第一个晚上，我们决定出去吃饭。无论何时，只要你带一个婴儿或幼儿去公共场合吃饭，你所面临的风险都跟核泄漏差不多——这些“引爆点”可能来自你的孩子、父母一方或双方、餐厅员工，或者以上所有人。最重要的是，当时我已经怀上了艾玛，在汹涌的荷尔蒙和不间歇的呕吐双重夹击下，我的脾气也很火爆。你能看出这场闹剧一触即发吗？

10个月大的伊森就像一条虫子，总是浑身上下扭动不停。要是让他一动不动地坐着，他根本坚持不了几分钟。可能大多数孩子在这个月龄都一样，但在养育孩子的过程中，家长最难忍受的往往也是这一点——几乎没有哪个家长能免俗。好吧，伊森想离开儿童餐椅。但我不想抱着他，杰夫也不想，至于他的爷爷奶奶，即使他们愿意，这也不是一个理想的选择。身为父母，我们想借此机会让伊森明白，只有我们才能说了算，而他不能。

他想从餐椅上爬下来，于是我就用安全带把他固定好，然后他就哭了起来。奶奶递给他一个面包，想要安抚他，但伊森接过面包扔出去老远，从这个动作中，我看到这个孩子未来在奥运会铅球项目中获得金牌的潜力。

我翻了翻像哆啦A梦口袋一样神奇的妈咪袋，想要掏出点吸引他兴趣的东西，但是都没有用。伊森把一个接一个的玩具，一个接一个的杯子，还有最后的武器——奶瓶——都扔到了地上。我把奶瓶捡起来递给他。他又扔了一次，这次奶瓶掉在了我们身后。我又一次——也是最后一次——把它捡起来。最后，他把奶瓶扔到了旁边的桌子上。

伊森的哭声逐渐升级为尖叫。对于那些还没有体会过这种地狱级音量的家长来说，好戏已经开场。正如我之前所说，哭泣的婴儿和尖叫的婴儿之间是有本质区别的。

伊森拱起背，挥动双臂，小脸涨得通红，用尽全身力气想从餐椅上挣脱出来。这时他的爸爸仍然从容地把剩下的鸡肉切到他自己的盘子里，仿佛身边没有发生任何波澜。爷爷奶奶也移开视线，不再理他。我建议道，实在不行的话我们可以考虑离开餐厅。

这时餐厅经理走了过来，问道："有什么需要我帮忙的吗？"

杰夫抬头看着他，微笑说："麻烦帮我们加点茶。谢谢！"

你有没有做过这样的梦，梦中的自己赤身裸体走在街上，每个人都用异样的目光打量你？那就是我当时的处境。杰夫用行动证明了另一个观点：他和儿子之间正在进行一场意志的较量，归结起来就是看看到底谁更固执。事实证明，我丈夫赢了。

那天的餐椅事件代表了伊森对生活中一切束缚的反抗。他想要自由地活动、自由地玩耍、自由地把所有的盐都倒在桌子上、自由地把篮子里的小糖块都拿出来。他想坐在桌子中间，踢着腿，冲着周围的每个人咿呀嬉笑。

这有什么不对吗？嗯，这当然是不对的。首先，孩子不属于餐桌，他们应该坐在椅子上。其次，我提到过，为了孩子们的利益和安全，父母需要设定界限——对了，还没来得及说的是我们在哪里吃饭，那是一家叫作得克萨斯州土地牛扒店（Texas Land & Cattle Company）的餐馆，这里有我所见过的最大的牛排刀。如果我们让伊森从椅子上站起来，即使有人抱着他，他也有可能会被那些刀所误伤。为了他的安全和健康，他必须老老实实坐在椅子上。

还有另一个原因，可以用我最喜欢的万能金句来概括：他需要坐在椅子上，因为我要求他这么做，这里我说了算。

那一次是我经历过的最难堪的餐厅之旅之一。但你知道吗？这种事只发生过一次。等到下一次我们再出去吃饭时，伊森就一直乖乖地坐在椅子上。

孩子们不仅需要边界，他们也想要边界。令我震惊的是，在当今社会里，有很多人对于父母的角色如此困惑。我非常非常爱我的孩子，有时候这种爱也会让人辨不清是非。当我看着他们睡觉，听着他们友爱地互动，或者看着他们参加学校的节目时，我激动得不知所措。但是，我不会让他们控制我。

我记得有一天下午，我和孩子们在家附近的小学操场上玩“空中飞鱼”[①]（Fish Out of Water）游戏，大家都很开心！杰夫被打败了两次。即使体验过这些幸福的情绪和快乐的时光，我们在孩子们生活中扮演的主要角色仍然是有权威的父母。做他们的朋友并不是我们的职责，做他们的父母才是。这两者之间有很大的区别。

我要提醒各位：做父母就不该优柔寡断。这个角色需要你调动那些自己从前从未意识到的力量。你将接受相当于绝地战士强度的岗位心理训练，还将学会如何在睡眠极少的情况下正常工作。但你会发现，坚持立场就是制胜的秘密武器——这不仅是赢得某一次较量的关键，也是赢得整场战斗的关键。

我们的目标是为社会培养出品德良好、行为体面的成年人。我们希望好好地将孩子们抚养成人，这样他们就可以离开家，走向世界，成为富有生产力的公民。他们必须学会一些基本技能才可以做到这一点。他们需要树立正确的是非观，以及接纳自己的错误选择或行动后果的胸襟，还需要学会理解和尊重那些在他们之上的权威者。

我们住在一栋大约有 20 年历史的两层小楼里。修建这

① 一款策略类游戏，玩家需要指挥自己的空中飞鱼战队，防御海盗鸭入侵自己的家园。

座房子时，开放式中庭风靡一时。家里有一个大游戏室，就在楼下客厅的正上方。我在客厅就可以听到楼上发生的一切，甚至能听到孩子们乱扔玩具的声音。楼梯位于客厅一侧，墙上挂满了家庭照片，我把照片从栏杆一直摆到我能够到的最高处。

三个孩子的意志力都非常顽强，我很喜欢他们这个优点。大多数时候，我都欣赏他们的精神和勇气，但这也给养育他们带来了挑战。我必须有效地约束他们的行为，但又不能消磨他们的意志。我想让他们知道我是认真的，但又不能通过欺压、恐吓或殴打来使他们屈服，以达到我的目的。

这是个技术活，对吧？

大家应该还记得，我女儿很有想法，每件事情她都想做主。她很小的时候，每当生气或是情绪不好时，她就会跺着脚上楼。艾玛是个娇柔的小姑娘，所以听起来这应该不算什么大问题。但是话又说回来，炸药的体积也很小，可我们都无法忽视炸药的威力。

当她故意使劲儿跺脚时，墙上那些照片就会嘎嘎作响，我总觉得它们都会掉下来。这对艾玛来说并不是什么新把戏，随之而来的后果也毫无惊喜，但她自己却觉得每次都很不一样。

我总是一直等着她走到楼上的楼梯口才叫她下来。咚！咚！咚！她什么也不说，只是瞪着我，这又是一项我接受不了的行为，所以我们就像西部时代的枪手决斗一样对峙着。

通常都是她先败下阵来，“夫人？”（是的，孩子们有时称呼我们俩为“夫人”和“先生”）

我提醒她，刚才她上下楼梯的方式并不正确，因此她需要重新上一次。一般来说，我会用语气、语调、态度——或是随便什么其他的方式——来强调我的要求。没办法，她只能重新走。这通常需要反复几次，因为前两次她仍然会因为不得不再次上下楼梯而感到十分恼火。

这就是坚持立场的好处。如果她在上楼梯的时候跺着脚，那么让她重新再走一遍往往还是老样子。我要求她的动作不能把墙上的照片弄出声音，所以她必须多爬几次楼梯才能做到这一点。

我做这一切都是希望得到孩子们的尊重。我必须确定她是否足够尊重我，愿意听我说的话。如果那些照片掉了，我就得收拾残局，捡拾相框，重新挂上新照片。她必须明白，即使对某事心存不满，她也没有权利破坏属于别人的财产。

最后，当她安静地走上楼梯，回到房间后，我会上楼去陪她一会儿，向她保证我非常爱她，然后和她谈谈让她不快的事情。无论如何管教孩子，最重要的是让他们感受到管教背后的爱意。给他们想要的东西很容易，一直做一位有趣的家长也很容易，人们经常误认为这就是爱。但实际上，爱是保护孩子的一生周全。作为家长，我们要记住：鱼一旦离开了水，就不可能长久地生存。

在我们家，彼此尊重是至高无上的。在任何地方，尊重他人都应该是最重要的原则，尽管从我的角度来看，有时候有些人也不值得被尊重。现在的孩子，尤其是年龄大些的孩子和青少年，他们很少或根本不懂尊重他人或他人的财产，我的孩子们有时也会犯这类错误。

一天下午，我接到埃利奥特老师的电话。如果是护士打来的，我倒是能应付，那说明他生病或受伤了，但是老师打电话来干什么？那完全是另一回事。埃利奥特是我的孩子，而且是最小的孩子。他可能是我见过最聪明的孩子之一，而且大多数时候，他是三个孩子中最可爱的一个。所以，当他的老师打电话告诉我，他刚刚因为违反纪律被送去了校长办公室，我惊讶得说不出话来。

当我回过神来，就马上问老师是否确定被送到校长办公室的孩子就是埃利奥特。她笑着向我保证，他们确实是把埃利奥特带去见校长了。因为埃利奥特上完厕所后把湿纸巾贴到卫生间的墙上并把它们糊了满墙，所以被抓住了。老实说，我松了一口气，这并不算是特别严重的错误。但是老师说，因为要去校长办公室，埃利奥特的情绪非常崩溃。我猜到了，他一定很崩溃。

我向老师保证，等他回家我一定会“收拾”他。毕竟，我们已经有一段时间没有对他动用“家法”了。她又笑了，谢过我然后说:“我只是觉得你会想知道这件事的。”

天啊，我不用知道。我很确定，上完厕所把湿纸巾贴到卫生间墙上对埃利奥特来说是件很有趣的事情，尤其是知道老师是女的，她不能进男厕所。这样就可以自由玩耍了，但埃利奥特想错了。副校长的办公室（碰巧副校长是个男的）就在厕所隔壁。好吧，7 岁的孩子可不会考虑这些。

我之前说过我来自一个十分老派的家庭，也就是说，从小到大我都被家长打屁股。当我还是一个孩子时，我有很长时间都是和我的曾祖母住在一起。她有一把戒尺，她叫它“奋进尺”。当我和埃利奥特差不多大的时候，我就对它非常熟悉。我坚信在孩子的背后打一巴掌会让他们“长记性”，同时，我也坚信惩罚的程度应该与错误的行为相匹配，所以我当时并不觉得曾祖母的方法值得借鉴。

比起惩罚，我更应该告诉埃利奥特使用纸巾的“正确”方法。那天下午放学后，我让他打扫了楼上的卫生间。他擦了台板，擦了镜子，同时嘴里一直在抱怨。我站在他旁边，指出他漏掉的地方。当我对卫生间的清洁程度感到满意时，我让他坐下来给老师写了一封信，为自己的行为道歉，并在信上签名，保证以后再也不会这样做了。至此，对埃利奥特的惩罚结束，他再也不用打扫楼上的卫生间了。但伊森嘛，嗯，那是另一个故事了。

我不太喜欢打扫房间，但这是必要的生活环节。我很乐意有人帮我做这件事，不过大多数时候这个任务还是要落在我自己身上。我不喜欢家里乱糟糟的，所以我必须振作起来，抓起橡胶手套和清洁泡沫开始工作。打扫房子的最佳时间是在孩子们上学的时候，家里没有别人，也很少有让我分心的事情，我可以很快完成清理工作。

有时我需要花一整天来打扫卫生，但每当清理完成的时候，我们的家看起来棒极了。地板上不再有滴落的冰激凌的痕迹和脏兮兮的脚印或是泥泞的爪印，卫生间闻起来有松木的味道，床上还铺上了干净的床单。孩子们肯定知道哪一天是“大扫除日”，因为在他们回家以后的至少 30 分钟内，整个房子闻起来就像清洁剂工厂。然后，一切很快就恢复到原来的样子。

在孩子们上小学期间的某个星期，他们三个都生病了。虽然不是严重的疾病，但都出现了呼吸道充血的症状，他们咳嗽，还流鼻涕。晚上我在他们的房间里使用加湿器来减轻咳嗽，于是在哄他们睡觉的时候我就把加湿器打开。为了获得最好的蒸汽，加湿器里需要每天清空旧水，再注入新水。一天晚上，我把第一个加湿器搬到卫生间，正要把旧水倒掉，这时我朝浴缸里看了看，结果就发现了很长一段时间以来我见过的最混乱的场面。

有人把护发素喷得满墙都是，半个浴缸里也是。从表面上看，这个场面一定是有人坐在马桶上玩护发素造成的，而那个装护发素的压泵式大瓶子（我给艾玛买的）被扔了在浴缸的角落里。是在卫生间召开家庭会议的时候了，需要有人为此负责。

我把三个孩子都叫进卫生间，指着浴缸问道：“这是怎么回事？”

一个孩子说：“不是我干的”，另一个说：“天哪，太恶心了！”还剩一个孩子移开视线，眼神飘忽不定，既不敢看浴缸，又不敢看我。那一定就是我要找的罪魁祸首。“母性雷达”又起作用了，我真享受这种直觉。每个有孩子的女性都具备这种能力，你每多生一个孩子，或是你的第一个孩子每长大一岁时，你的“母性雷达”操作系统都会免费升级一次，而且每年都会有新的操作系统问世。在这次事件发生时，我使用的正是 MROS–9（母性雷达操作系统 9 岁版本）。

“来吧，伊森，你有什么想告诉我的吗？”

另外两个孩子站在原地不动。我猜，如果现场有爆米花的话，他俩肯定会一边互相分着吃，一边等着看热闹，但我打断了他们的乐趣。“你们两个可以走了。伊森？”

艾玛和埃利奥特朝门口走去，但我听到他们疑惑地小声嘀咕：“妈妈怎么知道是伊森的？”

后来我弄清楚了，事实是，伊森坐在马桶上时感觉很无聊。我心想，下次需要把他的乐高杂志放在那里。

他告诉我，他按压泵头只是为了“看看它会怎么样。”

“首先，”我说，“这是一个泵头，所以它会把里面的东西挤出来的。”

“没错，确实是这样。我觉得这很酷，所以就一次又一次地按它，最后就把事情搞得一团糟了。”

他原本的计划是趁着那天晚上洗澡的时候把卫生间清理干净，但是很意外！那天晚上没有洗澡。我又一次想到了曾祖母的戒尺。我需要有策略地解决战斗，而不是揪着为什么在浴缸里弄满护发素的问题与孩子死磕到底。于是，我让他下楼去找爸爸要浴室清洁剂，再拿来一块干净的抹布。然后我的小天才看着我问道："这是要干什么？"

我只是笑笑。

当他回到楼上时，我告诉他该如何清洗浴缸。我特别生气，因为不到四个小时之前我刚刚把这个难打理的地方打扫干净。同样，我的思路又回到了安全问题。护发素很滑，第一个爬进浴缸的孩子很可能会磕到牙齿。于是我让伊森把护发素全都洗掉。

不一会儿，他就说"弄好了"，然后打算离开卫生间。

"不行，亲爱的。"

我又教他怎么用清洁剂给浴缸消毒，他说："天呐，这可真难闻。妈妈，我真坚持不住了。"他大口喘气、咳嗽，像是要窒息了一样。"我喘不上气了。"（显然，艾玛并不是唯一一个有表演天赋的人。）

但是伊森别无选择，只能继续清理。他把衬衫拉到鼻子上，偶尔把头从浴缸上移开，把衬衫拉下来，深深地吸一口气，然后继续清洗浴缸内部。

"妈妈！"他大口喘气、咳嗽，仍然像是要窒息。"还要多久？"

接下来我教他如何冲洗，同时努力忍住不笑。

"妈妈，说真的，你为什么要逼我这么做？你不是刚清理完浴缸吗？"他大口喘气、咳嗽，更像是要窒息了。

谢谢你，儿子。这是一个向他解释的绝佳机会，是的，我刚刚清洗完浴缸，但他的行为毁掉了我的劳动成果，刚刚我也是用这个他无法忍受的刺鼻的清洁剂来清洗浴缸的。正是他不小心把护发素喷得到处都是，才造成了对每个人都不安全的后果。这是我为他设定的界限，他会牢牢记住很久很久的。孩子需要界限。

你见过后院里用来圈住小狗的带电的老式篱笆吗？小狗甚至成年狗都会时不时地试探这个界限，看看它是否有什么弱点。但它们不会一直这样做，只是偶尔会试探一下。

孩子的界限和小狗的栅栏是一样的。不过，我可不是建议你对孩子使用带电篱笆！（我甚至现在就想到了一些断章取义、不负责任的标题，比如《一女子告诉读者要用强力胶带和带电篱笆来管束孩子》。）

现在，我的孩子们都很优秀。他们很听话，和前几个故事中的表现截然相反。我可以放心地让他们去朋友家吃饭和过夜，因为我知道他们会带回“举止端庄有礼貌”的反馈。

但孩子们仍会时不时地测试一下你的底线。当他们这样做时，必须准备好迅速回击！切记不要空话连篇。如果你告诉过他们你打算怎么做，就要像耐克的广告语一样，放手去做！否则他们就会认为你在虚张声势。

举个例子吧，当孩子们分别 7 岁、8 岁和 9 岁时，我们全家又一次在春假期间去了迪士尼乐园。（显然，我并没有从第一次人挤人的经历中吸取什么经验。）这次我们开了车，而且没带其他帮手。我觉得孩子们都长大了，我们完全能够应付得了。这无疑是我自以为是的“临终”留言。

迪士尼乐园里的人比我想象的还要多，到处都是人，我们就挤在人群中间。

因为以前去过迪士尼乐园，孩子们对接下来该坐哪班车和怎么使用快速通行证都轻车熟路，最重要的是，他们觉得和爸爸、妈妈一起等着非常无聊。孩子们自顾自地乱跑，我却被夹在近十万人当中进退两难，确实有点让人焦虑。我受够了伊森和埃利奥特总是从我身边跑开，于是把他们全都拽到一起，用尽力气大喊道：“如果再有人乱跑，我就给酒店打电话，把你们送去儿童托管中心，我再和爸爸单独回到迪士尼玩儿！”

伊森直视着我的眼睛说：“你不会这么做的，妈妈。”

我站直身子回答道：“不信你就试试。”

10分钟后，他又不见了。他想去玩飞溅山激流勇进（*Splash Mountain*）。但我们都不想再被淋得浑身湿透，便拒绝了这个提议，但他似乎没听进去。

我们花了很长时间才找到他，因为我们也不知道他往哪个方向跑了。飞溅山激流勇进是在一个岔路口的一侧，我们当时是沿着另一边过去找他的。我内心有点慌乱，但是我想，不如趁这次给他一个教训，因为我们分开的时间太长，足以吓到他。唯一的麻烦是，我刚刚警告过三个孩子，如果再有人跑掉，我就把他们送去儿童托管中心。现在伊森跑了，所以我给酒店打了电话。

杰夫惊讶得张大了嘴巴，他简直不敢相信我真会那么做。

我们的酒店是世界上最大、最知名的连锁酒店之一，是一家提供全方位服务的高水准五星级酒店。我想，我们不可能是唯一需要暂时托管孩子的父母。事实证明，我们的确不是。没过几小时，酒店就为我们准备好了一个《欢乐满人间》[①]中玛丽式的看护员。

我们离开了迪士尼乐园，开车回酒店。孩子们一直呆呆地坐着，车里鸦雀无声。虽然跑向飞溅山是伊森一个人的行为——这自然是压垮骆驼的最后一根稻草——但三个孩子都曾在脱离家长监管的情况下跑去游览魔法王国，每个人都不算无辜，所以我把他们都送回酒店的决定合情合理。

看吧，这就是迅速回击。我借此机会给他们奠定了基本规则的理念：如果某种行为再次发生，妈妈一定会迅速做出相关反应。显然，起初孩子们不相信我，但是当他们测试我设置的“电网”强度时，却没能发现这个界限的弱点。相反，他们深刻地意识到,“电网”功能正常，电流十分强大。

补充说一下：酒店安排的那位女看护员贝蒂小姐（Miss Betty）真的是位像玛丽一样的小仙女。她准备了许多戏法，带来各种各样的玩具和手工，我也说不准到底还有什么东西。那天晚上我和杰夫回到酒店时，桌子上摆满了孩子们完成的 20 多幅画作和手工艺品。我想我应该事先告诉她，我实际上是想

---

① 一部美国喜剧。剧中一位名叫玛丽的漂亮姑娘来到了班克斯家应聘保姆的职位。实际上玛丽是一位仙女，她的到来让家里的两个孩子重新感受到了亲情和友情，也让班克斯先生和太太明白了什么才是生命中最重要的东西。

给孩子们一个惩罚！第二天早上，孩子们甚至在问贝蒂小姐还来不来了。

……※……

我们习惯把过去的事情和现在的事情进行交织对比，来为未来提供借鉴。我抚养孩子的方式主要是基于父辈抚养我的方式。我的父母和家人把我管教得很好。杰夫和我秉持同样的看法，我们的育儿态度十分统一。这不仅对抚养孩子很重要，对保持家庭和婚姻的完整和谐也很重要。

很少有什么事情会比在如何管教孩子上的分歧能更迅速、更猛烈地破坏夫妻关系了。结婚之前，杰夫和我交流过一些看似微不足道的小事。我们对彼此开着孩提时期被父母禁足之事的玩笑，也讨论了小时候是否被父母打过屁股，答案也都是肯定的。在学校和家里，我们的经历都差不多，比如，如果我们在学校犯了错，回到家里就会有更多惩罚等着我们。

想到这些，我们都笑了，但这些共通之处并不表示我们都经受了许多惩罚。我们的父母并不是经常揍我们，我们也没有受过苛待。我们笑的是，父母懂得我们的世界发生了什么。我妈妈就和我的老师交谈过，面对各种问题她没有置身事外。我是她四个女儿中最大的一个，妈妈一直陪伴在我成长的全过程。杰夫的父母也是这么做的。我知道，对于一些读者来说，你和你的伴侣来自不同的家庭背景。虽然这确实会使你们之间的沟通和默契变得更具挑战性，但也不是完全不可能实现。

当两个人步入婚姻殿堂时，一切都是新的开始。两个人离开各自父母的家，从此相依为命，这意味着夫妻双方要重新结合在一起。选择结婚时，我们就要开始用新的传统、新的规则和新的游戏方式去组建自己的家庭。我们不会遗忘自己成长的方式，而且会把自己和对方两个人的过去都编织进未来的生活。每个人都会有一些新的想法和行事方式。你们看，我不就是正在这么做么。我想告诉大家，哪些方法对我们有用。至少在大多数时候，这些方法都能帮到大多数人。

孩子们虽然很可爱，但他们终究还是孩子。他们会让你第一次发现喂鱼超级有趣，可是如果喂得太多，可怜的弗利比就被撑破了肚皮。

7

你把什么塞进鼻子里了

孩子们成天在家里跑来跑去，受伤也是在所难免的。如果是小磕小碰，我们要做的就是从冰箱里拿出一些冷冻豌豆来冰敷，或者去当地的药房或儿科医生那里弄些外用药抹抹。偶尔，孩子们会因为在家里“秀特技”而受伤，这时我们就要马上带他们去看专科医生，或把这些小外星人送回母舰——也就是急诊室——去治疗。

还记得有一部电视剧叫《人人都爱雷蒙德》[①]（*Everybody Loves Raymond*）吗？与电视剧中的观点相反，其实并不是每个人都喜欢雷蒙德。我碰巧很喜欢雷蒙德——嗯，实际上我是喜欢玛丽（Marie），也就是雷蒙德的妈妈——但我的孩子们不喜欢剧中的任何一个人。事实上，每次切换电视频道，只要我在《人人都爱雷蒙德》上稍一停留，孩子们就会发出各种抗议和哀号，惨烈程度就和《圣经》中末日来临时的哀鸿遍野差不多。“不看雷蒙德！我们不喜欢雷蒙德！”

---

① 哥伦比亚广播公司（CBS）出品，迈克尔·莱拜克和雷·罗马诺联合执导的电视喜剧。

有一集，玛丽展示了她作为“人体温度计”的技能，我最喜欢的也是那一集。玛丽可以通过触摸来判断孩子是否发烧，如果发烧的话，她还能用亲吻对方额头的方式估出相当精确的温度。那一集里，碰巧雷蒙德的妻子黛布拉（Debra）发烧了，于是她的额头上布满了玛丽的红唇印。这其实是全世界母亲都具备的能力，却使我丈夫大为震惊。

几年前，我离家出走了一次。我把三个孩子都交给他们的父亲照顾，自己则坐上一架向西飞往加利福尼亚州的飞机，去享受久违的休息和放松。我没有“搬救兵”（我的婆婆），但我对于这个决定很是放心。杰夫完全有能力处理好孩子们的家庭作业、一日三餐和就寝。我曾对他寄予厚望，希望在我离开的那一周里，孩子们能刷上几次牙，至少洗两次澡。

但让我没想到的是，在我离开家的第四天，女儿打来了一个电话。当时我就后悔不应该这么早就让孩子学会背我的手机号码。我们发生了下面的对话：

我：“喂？”

艾玛：“妈妈？你什么时候回家？”

我：“还得过几天。怎么了？一切都还好吗？爸爸呢？”

艾玛：“他在书房里。我们感觉不太舒服。”

我一瞬间觉得胸闷气短：“你说‘我们’是什么意思？哥哥和弟弟呢？哪里感觉不舒服？”

艾玛：“他们俩都在我旁边。我们都在咳嗽。我们觉得……反正很不舒服。”

我："爸爸怎么说？"

艾玛："他说我们没事儿，只需要上床睡一觉就好了。"

我："让爸爸接电话。"

身在加利福尼亚州，我无能为力。我没办法俯身亲吻他们的额头，看看谁发烧了，谁没有。我没办法通过听他们的咳嗽声来判断谁需要看医生，谁需要吃药。而我的丈夫始终秉承这样一种思想：身体上的小毛病最终都会自愈。当你 40 岁的时候，这也许行得通。但当孩子们还小的时候，我可不敢相信这些鬼话。

三天后，我从加利福尼亚州回到家，见到三个鼻窦感染的孩子，其中两个得了支气管炎，一个发展成了哮喘。经过 10 天的抗生素治疗，他们终于都恢复了健康。（母性雷达警报：上帝选我们当妈妈都是有原因的。母性雷达 20 版本！让我们尽情升级吧！）

我并不想主动更新"母性雷达"。幸运的是，孩子们总是测试和挑战我运行的任何版本，搞出各种事情来催促我不断升级。

我的两个儿子都有哮喘倾向。虽然没有严重发作，但只要他们得了支气管炎，就会呼哧呼哧地喘气。这已经够糟糕的了，所以我们买了家用雾化机，这样就可以在必要的时候进行呼吸治疗。

当他们还是婴儿的时候，这种情况经常发生。他们似乎总是生病。我家当时每年都添一个新生儿，所以我每隔一周就会去看医生。我经常在医院里领着这一个孩子打针，带着那一个孩子看病，或者陪着另一个孩子检查耳朵。有一次就诊时，儿科医生向我提起，她认为伊森和艾玛最好都做一下鼓膜置管术（这是美国小朋友的一种常见手术，主要用来减少中耳炎的发生。）当时，艾玛 6 个月大，伊森 20 个月大，我还怀着埃利奥特。但他们俩已经得过 17 次中耳炎了，做这个手术很有必要。

她推荐了一位出色的耳鼻喉科医生——陈医生。他给孩子们做检查，并安排了手术时间。就在第二天，我却因为呕吐到极度脱水被医生送到了另一家医院，不得不在那里住上一个星期，好好调理调理，于是杰夫只能独自陪孩子们完成鼓膜置管术。

不过，大家不必太为他担心，因为卡罗尔和他在一起。我婆婆自然不会让杰夫单打独斗，于是来帮他挑起了大梁。据我所知，两个孩子从麻醉中苏醒之后，生龙活虎地扑腾，而卡罗尔是唯一能够安抚他们的人。奶奶和奶奶的怀抱拥有一种神奇的抚慰感。也许这是因为奶奶或姥姥们早就已经经历过这样的事情，也许是因为她们知道只要哄上一阵儿，就可以把这些闹人的孩子还给他们的父母，任务就完成了。谁知道呢?

我只知道，那天如果没有卡罗尔在，一切就不可能顺利完成。幸运的是，那些鼓膜置管像魔法一样有效，孩子们的耳部感染总算消退了。尽管陈医生很贴心，置管术也很有效，但那绝对不可能是我们最后一次来看医生。

我确信，孩子真的就像猴子，是超级可爱的病毒宿主。他们的任务就是收集和吸引最新型和最强大的细菌、虫卵或病毒，并把这些东西都带回家再与其他家庭成员分享。我们确实教过孩子要懂得分享，但不幸的是，他们无法区分有害的和有益的东西。在26个月里接连出生的三个孩子就像三胞胎一样，他们一股脑儿地把所有东西都传染给了对方。

家里传染的最令人难忘的东西，是一种特别讨厌的细菌，叫作轮状病毒。几年前，医学界曾尝试针对轮状病毒研发一种疫苗，但令人大吃一惊的是，后来又有研究发现，这种疫苗的伤害性竟然比病毒带来的实际损害更大。不过，经历过轮状病毒的折磨，我难以想象还有什么会比它更加糟糕。

有一年复活节的周末，我正怀着埃利奥特。伊森感觉肠胃不舒服，但是没有呕吐，只有腹泻。谢天谢地，艾玛看起来状态不错。我感觉很难受，但自打我怀孕开始就一直很难受。只要睁开眼睛，我就会呕吐——可真是“孕味十足”。

当时杰夫和我收拾好孩子们，正准备去奥斯汀度假。那时我父母还没有“任性”地迷上驾车旅行、踏上走遍美国的道路呢。两个半小时的车程中，伊森的症状恶化，腹泻越来越剧烈，艾玛似乎也有点昏昏欲睡。我确实觉得很难受，但也没想太多。

一到奥斯汀，我们三个就什么也做不了了，只能躺着，由我妈妈——孩子们的姥姥——来照顾我们。值得一提的是，我终于不再是唯一一个呕吐不止的人，伊森和艾玛也开始呕吐，眼下只有杰夫还不错。

在这种情况下，避免身体脱水十分重要。我们需要补水，任何类型的液体都行。医生会建议患者补充电解质饮品，但那东西太难喝了。我把雪碧和水混在一起，孩子们都很喜欢。当孩子们发烧，几乎连胆汁都吐出来时，就更需要让他们保持身体的水分平衡。用可乐或雪碧兑水是不错的选择。当我们还是孩子的时候，这个方法对我们就很有效，对我们的孩子也有很好的效果。我们一边嚼着咸饼干，一边祈求上帝放过我们吧。

到了复活节，我们感觉好了一点，可以去我祖父母家吃午饭了。我们没去教堂，因为那里没有沙发能让我们躺着。现在想来，如果直接开车回休斯敦就好了，因为我们去了利安德（Leander，奥斯汀郊外的一个小镇），结果给全家都传染上了病毒：我的祖母、祖父、曾祖母、两个阿姨、两个叔叔、两个堂兄弟，无一幸免，更不用说我的父母和三个妹妹了。我甚至以为，从那以后他们再也不会让我们回家了呢。

轮状病毒就像服用了类固醇引起的肠胃流感，它的症状持续了两个星期。尽管它的毒性越来越弱，但仍然可怕到了极点。在那段时间里，我给孩子们喂了很多香蕉、酸奶和苹果酱。如果你不想全家人集中覆没，那就这样做吧！结果，事实是，杰夫最终也中招了。

没有人能躲得过轮状病毒。

……※……

对于其他形形色色的婴儿疾病，我同样准备不足，比如手足口病。孩子们——确切地说，是有一个孩子（我也记不清到底是哪一个了）——把一种叫作手足口病的细菌带回家，那时我也没有把这个疾病的名称搞得很清楚，所以我把它说成了口蹄疫。当我向母亲解释病症时，她认为这是疯牛病，于是发生了下面的故事。

手足口病的初始症状就是发烧。之后，口腔内出现皮疹，看起来像是小水泡或溃疡。孩子们特别难受，我也心疼得要死。这种皮疹还会出现在他们的手掌或脚底，因此得名手足口病。任何人都可能感染手足口病，但在婴儿和 10 岁以下的儿童身上最为常见。

孩子们一共得了三次手足口病，刺激吧？不过，即使不幸患上手足口病，也无须像我一样惊慌失措。这并不意味着孩子很脏，或者需要改善个人卫生，尽管这也是当时我脑子里蹦出的第一个想法。我要强调一点，在任何地方孩子们都会感染细菌！孩子就像磁铁一样，吸引着周围的细菌。更糟糕的是，他们最喜欢的探索方式就是把抓到的一切东西都塞进嘴里。这种行为谁也管不了，哪怕神仙来了也只能说上一句：“真是太恶心了！”

埃利奥特一出生，我就和儿科医生建立了密切联系，我每周都去医生办公室报到。我和儿科医生的关系变得十分亲近，他现在也成了我的好朋友。我们两家人甚至一起去迪士尼乐园度过假。伊森的耳朵做了鼓膜置管术之后，我们以为这能让他减少许多病症，但正如那句老话所说，“真是太异想天开了”。

我早就说过，这绝对不可能是我们和陈医生的最后一次见面。

每当季风吹过休斯敦这座伟大的城市，就会带来新的污染物、花粉孢子，以及黏性物质，从而让伊森的免疫系统陷入混乱。我们对支气管炎和肺炎都很熟悉。想象一下，当儿科医生建议伊森切除扁桃体时，我有多么震惊。

我已经帮孩子们处理了其他一切病症：上呼吸道感染、鼻窦感染和各种程度的支气管炎，但我们还是没躲过链球菌性喉炎（也叫脓毒性咽喉炎）。我绞尽脑汁地回忆，能想起来的只有一次——有很大可能确实只有那一次——家里某个可疑的地方成了链球菌滋生的温床。我一直以为，链球菌性咽喉炎的反复发作，就是导致孩子们切除扁桃体的主要原因。

然而，事实并不完全是这样。

你知道扁桃体的主要功能吗？以前我也不知道。扁桃体的作用是捕获所有通过口鼻进入人体的细菌，然后将它们清理掉。但是，一旦进入人体的“垃圾”太多，给扁桃体带来的负担过重的话，它就会出问题。扁桃体仍然会捕获所有细菌，但一旦细菌超载，它就只能紧紧粘住细菌而无法将其清理掉。结果就是扁桃体肿胀发炎，变得很大。

我们和5岁的伊森就面临这样的问题。扁桃体位于喉咙两侧，中间本该留有一定空隙。但伊森的扁桃体因发炎而肿大，两侧扁桃体几乎连在了一起。它不再帮人体处理细菌，而是把细菌囤积起来，所以只能切除。

扁桃体和腺样体（扁桃体的增殖组织）切除手术都是相当

常规的小手术。我经常这么安慰每一对孩子要做这项手术的父母。当然，这也是别人安慰过我的话。但我还是想说，当你自己的孩子要接受手术时，所谓的风险统计数据对你并没有什么意义。扁桃体切除术并不需要很长时间，但等待的过程可能让你痛苦。我疯狂“脑补”他正在经历的一切：医生的技术过硬吗？护士能在他完全麻醉之前照顾好他吗？

对于孩子即将接受手术的父母，我的另一个小建议是：在孩子手术之前的几周内，最好每天都去健身房锻炼。如果你的孩子和我的孩子一样，从麻醉中醒来时出现危急情况，这就需要你调动一切力量，来保护他们的周全！

在电视节目里，我们经常看到人们从手术中醒来，虽然看起来昏昏沉沉、跌跌撞撞，但其他方面都很正常。各位，那都是电视剧里的桥段。如果孩子们也这样的话，除非他们是塑料做的！杰夫和我坐在等候大厅里漫无目的地翻阅杂志，这时一位护士出来找我们。我们还在感叹手术怎么做得这么快——这确实是那一瞬间我们的第一反应。我们刚从护士走出来的那扇对开门进去，就听到一声尖叫，像是被关在笼子里的野兽发出的低沉的喉音。

我心想，这是哪个小可怜发出了这么难受的声音。我们走进另一扇门，喊声变得越来越大，越来越疯狂。护士紧张地看着我们。当我们穿过最后一扇门，经过一排排坐在床上吃冰棍的孩子们，走向一间僻静的病房时，我的心脏开始狂跳。这里的孩子没有人在尖叫。

透过这个小房间的窗户望去，我看到一个孩子像着了魔一样，两名护士在旁边焦躁不安。伊森完全崩溃了，他的双臂张开，眼睛紧闭，嘴巴张得大大的，拼命想要挣脱，但护士死死地按着他。我不确定如果他试着站起来，他的双腿是否还能支撑得住他。

我猛地拉开门，按住了他，他立刻平静下来。我一屁股坐在椅子上。说实话，我差点晕过去。伊森还在输液，他很害怕，而且身上很疼。更糟糕的是，这仅仅是个开始。

一般来说，扁桃体切除术后，孩子可能需要休息 3~4 天，最多一周时间。孩子们就像是橡胶人，能够以超乎寻常的速度康复。

但是伊森的情况却没有这么乐观。在床上躺了 4 天而且没怎么吃东西之后，他仍然无法下地活动。我知道他有点爱表演，我那时真的以为他是在耍“我刚刚做了手术，可怜可怜我吧”的把戏。但我错了。

手术后大约一周，伊森告诉我他的一条腿疼。这有点奇怪。虽然这孩子的扁桃体被切除了，但是他的腿离喉咙还有很远的距离。我满怀同情，温柔地安慰他，让他看看 4 岁的妹妹和 3 岁的弟弟在地上跑来跑去，并告诉他，他的腿疼是因为他已经一个星期没用过双腿了，最好起来走动走动。

那段时间的伊森非常听话，于是他慢慢地把腿挪到床的一侧，想要站起来，但是一下子摔倒在地。他的腿根本支撑不住他的身体。伊森哭了起来，我也不禁开始担心。我把他抱起来，放回床上，仔细查看他的腿：左腿膝盖以下肿了起来，两条腿上全都是紫色的小斑点。这肯定不正常。

杰夫还没下班回家，伊森的腿就开始肿胀，后来就连肘部和双手也肿了。他的四肢摸起来很柔软。我一边安慰着他，一边控制自己不要表现得太过担心。

在家里观察 24 小时后，情况没有好转，我们便赶紧开车去看急诊。

我们很快就见到了急诊科医生，她十分专业。我们告诉她，伊森一周前刚切除了扁桃体，她就知道怎么回事了。简而言之，事情是这样的：伊森的扁桃体充满了病毒，这一次切除扁桃体的手术让这些病毒在他的小身体里“爆炸”了。因为扁桃体一直在囤积细菌，而不是消灭它们，所以他的免疫系统早就不堪重负，他的身体终于在不断涌入体内的毒素冲击下宣布罢工。

医生的言外之意是：我们无能为力。紫色的斑点来自伊森的血管，这些血管在向外渗血。连他的粪便里都有血，这是因为肾脏血管和胃部血管都有出血点。可怕的是，现在这种病没有药物可以治疗。再说一遍：没有药物可以治疗。我们只能眼睁睁等着他的身体自愈，能做的只有祈祷。

这种疾病叫作过敏性紫癜。我这辈子从来没有像这一刻这么害怕过。

在接下来的 6 周里（这是这种可怕的疾病“自生自灭”所需要的时间），我把我和伊森的命运都交给上帝：我向他乞求、恳求，或者随便使用再怎么卑微的词汇都不为过。只有上帝的恩典和怜悯才能阻止那些毒素攻击伊森的心脏和大脑血管。如果毒素进入任何一个重要脏器，他就会没命。我们需要一个奇迹。这种“过敏”反应发生在孩子身上的概率大概是五十万分之一。但就像我之前说的，对于自己的孩子来说，统计数据没有任何意义。

和伊森在家里待上一个半月，对我也是一个重大挑战。我一直陪在他身边，很担心他会需要什么，或者会摔倒。他在手术前就是个小家伙，手术后更是——我发誓！他瘦了将近10磅。我可以一只胳膊就把他抱起来，还不耽误四处走动。他没有什么力气，我就给他喝了很多孩子可以喝的能量饮料，我把它们和冰激凌混在一起，给他做成小奶昔。他真是我的乖宝贝。我很感激他的懂事——尤其是那天下午，我接到幼儿园电话的时候。

我：“喂？”

幼儿园老师：“达拉斯，你得来接一下埃利奥特。”

我：“他出什么事儿了？”

幼儿园老师：“嗯，他把一块操场上的石头塞进了鼻子，我够不出来。他吓坏了，我想你得来接他。”

我：“好，我马上就来。”

每家每户都有这样一个令人操心的孩子，埃利奥特就是最让我费心的那个小冤家。虽然根据刚才的故事，大家会认为伊森最不省心，但实际上他不是，埃利奥特才是。幼儿园操场上的石头很小，所以“很适合”塞进鼻子。它们也能被塞进耳朵里，不过塞进耳朵的小石头通常会直接掉出来。鼻子则完全是另一回事，因为一方面孩子可以用手指把小石头推向鼻孔深处；另一方面，随着吸气的动作，小石头也会越进越深。当这两种情况并存时，就会产生大问题。

所以我不得不在接埃利奥特的路上就打电话给医院，预约紧急取出一块塞进鼻子的小石头。好在我对于成为众目睽睽的焦点并不在意，因为当护士挂断电话的一瞬间，我听到了她们的笑声。

糟糕的是，还没等我们赶到医生那里，那块小石头就穿过鼻梁，再也摸不到了。我猜，埃利奥特想闻一闻它的冲动太强烈了，他根本无法抗拒。不过，操场上的石头也有一个“优势”，那就是它们的体积非常小。既然它能进入身体，最终也能自己从身体里出来。

对于那些可能不像我这样熟悉鼻腔结构的读者，让我来解释一下吧。大多数时候，如果我们可以用鼻子吸进东西，就可以把它从喉咙吞进肚子里，最终它会沿着和食物一样的路径离开我们的身体。

好啦，解剖课就先上到这里。在伊森做完手术，又度过漫长的恢复期之后大约一年多，我和埃利奥特又坐在儿科医生的办公室里，结果她递给我的是另一份肺炎诊断书。她建议埃利奥特也切除扁桃体。你可以想象我当时有多崩溃。医生费了不少口舌，才让我相信埃利奥特的手术会顺利得多。

埃利奥特做手术时比伊森小一岁，他同时还要做鼻窦清洁。我的心提到了嗓子眼儿！值得庆幸的是，埃利奥特简直是手术后迅速康复的典型代表，他一从麻醉中苏醒过来就恢复了旺盛的活力。我开始还以为要在专门的隔离室病房住上一段时间呢。

最初的几天里，我像老鹰一样时刻紧盯着他，因为我担心他身上也会冒出紫色的斑点来，他的四肢也会肿胀起来。但是万幸的是什么也没有发生。埃利奥特很快就恢复了正常，他想出去玩，不明白为什么他不能到处跑。我只能努力安抚，让他待在家里，尽量躺在床上。当我终于放心送他去上学时，他简直迫不及待，开心极了。

因为埃利奥特的手术比他哥哥的更复杂，所以手术时间也更长。他的鼻子里塞满了纱布，鼻子下面还绑着一个吸水垫。一想到这儿我就非常不安。在一组小鼻窦上清除炎症的过程既乏味又缓慢。

手术后几周，医生需要检查一下患处。想一想，鼻窦长在哪里？它在眼睛下面、鼻子上面，对吧？你猜医生是怎么检查这个部位的？他们有神奇的小工具和辅助设备。陈医生也不例外，他要拿一个细长的窥镜来检查埃利奥特的鼻子，以确保缝线溶解，一切正常。

让我们暂停一下。

如果你从来没有带孩子去看过那些自己没有孩子的医生，我强烈建议你至少尝试一次。和他们打交道真是太有趣了！各位，我不是医生。在埃利奥特的后续治疗中，我不知道这个人要对我儿子做什么。如果我早一点意识到这一点，我就会找一个比我更结实的器材或帮手来协助医生做这个检查。

我坐在椅子上，让埃利奥特坐在我腿上，陈医生说："准备好，太太。我需要你在我检查他鼻子的时候牢牢把他抱住。"

这太可笑了。他靠近埃利奥特，手里拿着一个窄小的窥镜（宽度和长度都和清理烟斗的烟斗通条差不多），而我则拼命地想按住埃利奥特，让他双臂抱住放在身子前，但这根本行不通。当医生想把埃利奥特的头往后推，把窥镜伸进他的鼻子里时，埃利奥特挣脱了一只手，一把抢过窥镜掰成两半，检查被迫停下来。陈医生看了看我，直起身来走出了检查室。

关于这位耳鼻喉科医生，我想向各位读者介绍一下。是的，他是亚洲人，从他的姓氏就可以知道这一点。他是休斯敦最好的医生之一，也是我见过的最温和的人之一。他身高大约有 1.8 米，白大褂下面穿着鸵鸟皮牛仔靴。他聪明绝顶，又能与大人和孩子都相处得很好。

但是，当埃利奥特掰断窥镜时，我发誓他一定气得七窍生烟。过了 15 分钟，他才回到检查室来找我们。他迅速查看了埃利奥特的喉咙和耳朵，而且明智地没有再碰他的鼻子。

然后护士过来继续给他检查。我不停地道歉。她甜甜地笑着说："哇。我都不知道这个窥镜还能被掰成这样。你可能在想，这东西值 4000 美元，怎么也该结实一点。"

我说过了，埃利奥特是我的小冤家。只用了 4 秒，4000 美元就花完了。是不是足够刺激？

8

布洛芬（Motrin）、阿普唑仑（Xanax）和其他药物

能有几个医生朋友还是很有用的，尤其是当你有像埃利奥特这样的孩子时。他到七岁时，已经经历了三次脑震荡，至少一次鼻梁骨折——因为第二次鼻子受伤的情况至今没有定论。当然，他的脑震荡症状都很轻微，但毕竟头部受伤可不是开玩笑的事情，可这孩子自己一点儿也不害怕！他仍然无所畏惧。他一共做过三次 CT，但做胸部 X 光检查的次数我都记不清了。我只想说，如果他继续接受辐射，等到下次飓风袭击休斯敦时，我们甚至可以用他来发电。

有一次埃利奥特受伤严重，刚好儿科医生就在我们身边，这真是老天保佑。这位医生有三个和我家差不多大的孩子，就连男孩、女孩、男孩的顺序都是一样的，只不过她的孩子年龄差比我家的稍大一些。那年夏天，他们一家人来我家游泳，每个人都玩得很开心。没过多久，4 岁的埃利奥特就跑到了院子的拐角处。他扭头往回看的时候，脚下不小心把自己绊倒了，

正好头朝下撞到了水池边的第一级台阶上。他头上磕出一个大包，流了很多血，当场痛哭不止。场面乱作一团，其他五个孩子争先恐后地围过来想看看发生了什么。

巨大的力量磕断了他鼻子上的软骨。他的前额撞在坚硬的石板台阶上，导致轻微脑震荡。当时有很多目击者，他们见证了埃利奥特总是会出这样的状况。每次他脑袋受伤，我都会在他床边的地板上陪他睡两个晚上，而且每隔几个小时就要叫醒他一次：

“宝贝，你叫什么名字？”

“埃利奥特。”

“那我呢？”

“妈妈。”

“我的名字是什么？”

“达拉斯。”

我将在最后一章介绍各种奇怪的儿童疾病，而这一章就算是我的个人儿童保育档案的一纸缩影。开个玩笑！我并没有真的建立这样一份档案，不过有一段时间，我觉得这些病症随时都会找上门来。

我的孩子们有幸上了一所教区学校（可以从幼儿园一直读到高中毕业）。对孩子们来说，这意味着他们不能像其他孩子一样乘坐黄色大校车去上学，而是只能由父母开车接送。

有一天，我正要出门去接他们回来，这时电话响了，是学校打来的。我本来不想接听，因为这一天马上就要结束了。可转念一想，不管学校找我有什么事，一定都非常糟糕，才会让他们等不及15分钟后放学，非得现在就联系我。

学校护士："你好，达拉斯，我是学校的护士，简（Jane）。"

我："你好。是谁出了什么事吗？"

学校护士："是伊森。我不想让你担心，但我必须告诉你，他的头狠狠地磕了一下。"

我："他怎么了？"

学校护士："嗯，课间休息的时候他在操场上玩儿童足球游戏（类似棒球运动，但以球踢球代替以棒击球），当他往回跑的时候，错误地判断了距离，直接撞到了围栏上。他目前没有大碍，但是流了很多血。"

我："需要缝针吗？"

学校老师："恐怕需要。我们已经给他换了衣服，我想你应该带他去看看医生。"

我："请你帮我看护他一会儿，我马上就来。我得告诉杰夫去接另外两个孩子。"

见到伊森时，他的左眼上正敷着冰袋。他的头撞在围栏上，眉毛中间有一个大口子。我马上打电话到儿科医生办公室，描述情况，表示我们正在路上，同时询问医生是否有时间帮他处理伤口。

伊森因为没有在操场上哭出来而感到骄傲和兴奋。他告诉我，当他看到那么多血时，觉得胃里有点翻江倒海，但他非常勇敢地忍住了。

伊森头部受伤，一直在流血。关于处理头部伤口的另一个秘诀是——只要冰敷伤口，就不会流太多血。不过，一旦你把冰袋取下来——砰！伤口就又会血如泉涌。在去医生办公室的路上，伊森头上的冰袋融化了，所以又开始血流不止。我们终于到了医院，我能清楚地看到伤口，我非常害怕。我说过，我有些晕血，处理流血事件不是我的强项，我更擅长对付骨折之类的问题。

护士拿一个新冰袋给他包扎好，然后带我们去了另一个房间。伊森坐在椅子上，一只手扶着冰袋，另一只手翻看一本书，而我则躺在检查台上努力回忆拉玛泽生产呼吸法[①]（Lamaze breathing），徒劳地想要保持冷静。我想，如果眼看着我昏过去，伊森受到的惊吓可能会比实际受到的伤害更大。而且，我也不想让汉森医生（Dr. Hanson）同时照顾我们母子俩。这不会是伊森最后一次头破血流，而我却变成了躺着起不来的那个人。

汉森医生走进房间时，看到我躺在床上而伊森坐在椅子上，她忍不住笑了。她努力让自己冷静下来，对我说道："嗯，你是他妈妈吧？你得先下来，我需要让患者上去好帮他缝合。"

---

① 一种孕妇在分娩前的锻炼方法，也被称为心理预防式的分娩准备法。它可以有效地让产妇在分娩时将注意力集中在对自己的呼吸控制上，从而转移疼痛，适度放松肌肉，使其能够充满信心并在产痛和分娩过程中保持镇定，达到加快产程并让婴儿顺利出生的目的。

我当然知道这一点，但她不知道的是，如果我没及时躺上一会儿的话，她就得收治两个患者。

虽然伊森一开始对缝针很是兴奋，但就在一切准备就绪时，他突然改变了主意。幸运的是，医生也同意了，她可以使用胶水来粘住伤口。那是一种强力胶水——外科手术胶。

用外科手术胶粘住伤口比缝针还快，只不过伤口会火辣辣地疼。不过这也有个好处：伊森上学的时候眉毛上贴着白胶带，这下大家都知道了这个勇敢的小伙子挂了彩。

……※……

每年四月，我所在的教区都会举办家庭露营活动，组织大家去当地的州立公园玩。各家各户都可以到教区填写报名表格，家人们热烈讨论谁想参加、谁又想坐在谁旁边等问题。在孩子们分别 8 岁、9 岁和 10 岁的时候，我们也报名参加了这个充满乐趣的年度活动。还记得纳尔逊吗？我们在这辆大车里装满了东西，然后就出发了。

到达公园时，孩子们立刻被露营地对面的一条大沟所吸引，那里有许多倒下的松树、中空的原木和大块的岩石。简而言之，这是孩子们的梦中天堂。大沟里还有一根宽 0.5 米、长 1 米的木材，正好适合做一架秋千。杰夫是一位技术娴熟的工程师，他找到一根长绳，用这块木头和另一棵树做成了一架秋千。孩子们（大约有 40 个）喜欢极了，它简直是理想的游乐场设备。

在为期三天的行程过半时，我们突然听到从沟里传来一阵恐慌而痛苦的尖叫。周围的家长立即围了过去，有几个大一点的孩子首先跑回来找我们。

“伊森受伤了！他伤得很重！”

我的心脏都要停止跳动了。

当我们看到伊森自己站立着朝露营地走过来时，我轻轻松了一口气。虽然他在哭，但是从正面看并无大碍。直到他走近一点，我才意识到“并无大碍”这个词太不合适了。

“我的脑袋！我的脑袋开了个大口子！”他尖叫着，“我要死了！”

当我检查他的后脑勺时，看到了一个硬币大小的洞。我本能地伸手去按他的伤口，来阻止大量血液从他的头部流出。他还能站起来真是个奇迹。在低声安慰他的同时，我对着其他孩子大吼大叫，问他们谁能告诉我这到底是怎么回事。

我的怒火终于找到了“靶子”——那个造成这次事故的可怜孩子——威廉（William）。真是气死我了。他几乎和伊森一样语无伦次，他说当伊森弯腰捡一根棍子时，他正好在使劲荡起秋千，就像这两天所有孩子都在做的那样。伊森站起来的时候，威廉和秋千恰好撞在了他的后脑勺上，把他的后脑勺完全劈开，露出了骨头。

威廉真的担心伊森会死去，如果伊森真的死了，那么这一切都是他的错。我说不出哪怕一句好听的话去宽慰他的心灵，毕竟那也是我为人父母以来最低潮的时刻之一。这是一场意外，一场血腥而可怕的意外。

你们有第六感吗？我想我有，但只是偶尔很灵敏。还是在那天早上，大家围坐在一起喝咖啡时，在聊天的间隙，我突然问，有没有人知道最近的急诊室在哪里。他们都看着我，好像我刚从外星球降落到这里。我向他们解释道，在这荒无人烟的地方，我们带着将近40个孩子，很可能有人会出什么意外需要去看急诊。当时我只是随口一问，只不过我没有料到，还没过三个小时，被送去急诊室的人就是我的孩子。

我们的一个朋友，莱斯利（Lesli），迅速抓起一条毛巾按住伊森的头——我确实不擅长处理流血事件——和我们一起跳上杰夫的汽车后座，准备开往50千米外的利文斯顿纪念医院（Livingston Memorial Hospital）。杰夫几乎把车开得飞起来，一路狂飙把我们送到医院。面对危机时我们从容冷静，这令我自己都感到惊讶。在去医院的路上，我镇定自若，一直压着伊森的头部，同时和他保持交谈，确保他意识清醒。

一到医院，仿佛我所有的应急能力都在车里耗尽了。在导诊台为他登记时，我感到自己的双腿越来越无力。走回分诊室时，我感到越来越燥热，但实际上医院里的温度很低。10分钟后，我们被安排进了一间检查室。护士走进来，跟伊森打了个招呼，她看着我，刚想开口说话，伊森就抢先发了声："呃，妈妈……你看起来不太好。"

护士点点头说道："是的，这位太太，你必须尽快躺下。"

但是太迟了。

我的膝盖一软，跪倒在地。幸亏杰夫一把扶住我，这样可爱的护士小姐才不用缝合我和伊森的两个脑袋。莱斯利出去给露营地打电话了，等她回来的时候，眼前的景象滑稽又可笑。伊森坐在检查台上，我躺倒在地上，杰夫蜷缩在我身边，护士也陪着我们。显然，当我把伊森交给医院的医护人员时，我的能量也消耗殆尽。我没事儿，只是有点头晕，站不起来。大家都觉得我最好就在地上多躺一会儿。

伊森真是个战士！他的后脑勺被打了 4 颗缝合钉，还留下一个大大的“V 形”伤疤。他对那道伤疤感到非常兴奋，我想他可能觉得这就是男子汉的标志。仔细想想，杰夫也时常为自己身上的伤疤而感到骄傲。

离开医院时，护士给伊森头上绑了一个冰袋，给我也带了一个（如果我再次头晕的话，冰袋能让我保持清醒），还有 2 颗帮助我镇定的阿普唑仑[①]。这件事将是伴随我们一生的回忆。两个半星期以后，那 4 颗缝合钉被取出来了，但那道伤疤还在——就在伊森的后脑勺中间。不过，我们这里的儿科医生对于偏远医院的医生在伊森头上打的补丁并不十分满意。虽然 4 颗缝合钉确实缝住了他头上的洞，但根据儿科医生的说法，这个伤口实际上需要 10 颗。

……※……

① 又名佳静安定，是一种常见的精神药物，主要用于焦虑、紧张、激动，也可用于催眠或焦虑的辅助用药，也可作为抗惊恐药，并能缓解急性酒精戒断症状等。

为了不输给他哥哥，埃利奥特也玩儿出了“新花样”。我说过，他是我的小冤家。他什么都愿意尝试，他会跳上、潜过、攀过或越过遇到的任何建筑物、悬崖或岩石。

大约一个月后，由于头上缠着特殊的绷带，伊森看起来仍像一个参加独立战争（Revolutionary War）的士兵，这时我又接到了学校护士的电话。来电显示真是一个很棒的功能，每当学校的电话号码出现在手机屏幕上时，我都会停下来思考，哪个孩子最有可能出现在学校办公室里。

她打来电话时，我正好在校园里。“嘿，达拉斯，”她说，“埃利奥特可能摔断了胳膊，需要你来接他。”

就是这样，在短短4个星期内，我刚处理完一个孩子头上的大伤口，另一个孩子又摔断了手臂。（如果我再出一本书，就可以写一本东得克萨斯州十大医院的就医指南！）

我跑到护士办公室，发现埃利奥特被校长秘书抱在怀里，他的胳膊用冰袋敷着，上了夹板，眼里噙着可怜巴巴的眼泪，正等着我去接他。可怜的小家伙！

到底发生了什么？课间休息时，埃利奥特和朋友们在操场上玩儿。他正在躲避“敌人”的追捕，“敌人”向他“射击”，他用尽力量从操场上最高的滑梯边上翻过去，以《谍中谍》（*Mission Impossible*）特工一般的完美俯卧姿势落地，结果摔断了右臂桡骨。这可太精彩了！

我们只能再去一趟急诊室。24小时后，埃利奥特也骄傲地拥有了一副宝蓝色防水石膏。我很想祈祷，让我们的急诊室之旅到此结束吧，但是考虑到我的孩子们——尤其是我的儿子们——我觉得自己的想法未免太幼稚了。

……※……

如果说，我家里有一个勇敢的人能成为下一个埃维尔·克尼维尔[①]（Evel Knievel），那一定是伊森，因为只有上帝才知道他接下来会干什么。相比之下，艾玛小时候和她的哥哥、弟弟都有很大不同。她没有从屋顶上跳下来过，也没有骑着自行车跳过马路边石。男孩子们都很活跃，他们就是想怎么干就怎么干，一直如此。

因为看了《公主日记》（*Princess Diaries*）的电影，艾玛便坐着床垫从楼梯上冲下来。她承认她也想受点伤，最好是摔断腿，我觉得这种行为可以理解。她只是想要一根拐杖，因为这样就可以在上面粘上各种时髦的彩色胶带。她认为，只有弄折一条腿才有机会拄拐。我几乎可以肯定，艾玛正在实施一项"断腿计划"。幸好我及时识破了这一点，特意从网上订购了许多泡泡膜，我把她裹在里面，以确保她的安全。

但事实证明，需要额外保护的并不是她的腿，而是她的手腕。

艾玛很喜欢看夏季奥运会（Summer Olympics），我小时候

① 美国冒险运动家，特技明星。以表演驾驶摩托车飞越障碍物闻名于世，并被誉为"世界头号飞人"。他一生做过多场惊心动魄的特技表演，这些表演导致他至少 433 次摔断骨头。

也很喜欢。那时我觉得玛丽·卢·雷顿[①]（Mary Lou Retton）是世界上最酷的人。我记得我看她比赛的时候，心想，我也要成为和她一样的人。当然，我小时候还想成为芭蕾舞演员、航天员、公主和老师。虽然到了现在，这些梦想都没有实现，但我至少梦想过。

因此，在2012年伦敦夏季奥运会期间，当我发现9岁的艾玛也迷上体操时，我一点也不惊讶。我们看了所有比赛，甚至录下了整个赛事，这样她就可以反反复复地看。她的想法很简单：体操能有多难？

这当然比我们想象的要难。

正如之前提到过的，家里的开放式布局让我可以从楼下的任何角落听到楼上发生的一切——包括一个小女孩翻跟头（她在模仿美国体操队的自由体操动作）。我能听出艾玛什么时候起跳、什么时候落地。在一次练习中，她摔倒了，但她马上向我喊话说她没事儿。

两天后，本是左撇子的艾玛开始用右手吃饭、用右手做作业、用右手刷牙。我把她带到医院一检查，发现她的左手腕骨折了。至于骨折的原因？是她想要学会阿里·雷斯曼[②]（Aly Raisman）获得金牌时表演的以色列民歌《大家一起欢乐吧》（*Hava Nagila*）中的自由体操动作。

---

① 美国运动员，奥运史上第一位赢得女子体操全能金牌的非东欧运动员。

② 美国女子体操运动员。

……※……

次年 1 月，又轮到埃利奥特“表演”了。

在我们家，有一些基本的行为准则（我猜大多数家庭都是如此）。其中一条就是不要在家里跑动，但埃利奥特从来都不明白这条规则意味着什么。我告诉他的时候他装作听不见，我写下来的时候他又看不懂。对他来说，跑步就像呼吸一样自然。

有一天下午，我叫他下楼一趟。他唯一能听从召唤的方式就是全速冲刺到我面前。现在回想起这件事，我很庆幸他没有头朝下地滑下楼梯。

当他冲出房间，跑过游戏室，又跳上楼梯顶端的缓步台时，就像几个月前他姐姐的情形一样，一个趔趄滑倒在地。他的右腿被压在身下，右脚踝上方的骺板[①]骨折了。

不用说，艾玛感到非常失望，因为埃利奥特将是家里第一个拥有拐杖的人。

老实说，我都不敢给骨科医生打电话了。在不到一年的时间里，孩子们先后经历了头部重伤、手臂骨折、手腕骨折，现在又来一次小腿骨折。对此，我一度担心儿童保护服务机构（Child Protective Services）会上门兴师问罪。

我们身边的人将孩子们频繁骨折的原因归结为没有喝到足

① 又名生长板，位于骨骺与干骺端之间，是一种薄板波浪状的软骨组织。由透明软骨构成。

够的牛奶。我告诉他们，我恨不得给他们买一头奶牛。

孩子们反反复复骨折真的让我受不了了。我开始担心人们对我的看法。我以前从来没有在乎过这些，以前我从不在乎别人怎么说或怎么想。你可以喜欢我，也可以不喜欢，这取决于你，而不是我。但是，在孩子们看起来十分糟糕的情况下，我也不禁开始担心。

接下来，那些属于他们婴儿期的不眠夜又一一重现了。骨折很疼，这是孩子们没有预料到的。在真正受伤之前，他们只是单纯想要打石膏或拄拐杖。在他们幼稚的小脑瓜里，还无法理解要拥有矫正骨折的设备，就必须先弄断一根骨头。白天，他们忙着学习和玩耍，但到了晚上，当世界安静下来，他们需要入睡时，这些骨头就会引起钻心的疼痛。

于是，妈妈又要整装上阵了。

作为父母，我们的任务就是平息孩子的恐惧、驱赶他们害怕的“怪兽”。这是我们的使命。

很多时候，我们可以用一个吻来缓解孩子的痛苦，治愈他们的烦恼。但在这种情况下，我们的吻起不了什么作用。我不想让任何一个孩子受苦，如果能使用猛药让他们免受痛苦，我会愿意的。我更喜欢给他们用传统又有效的布洛芬，而不是被炒成天价的所谓特效止痛药。但如果我的孩子很痛苦，那就要斟酌了！

儿科医生和骨科医生为孩子们开了一些非常强效的止痛药，好让他们能够睡得安稳一点。但我要奉劝各位：用药要谨慎。小一些的孩子不能确切地说清楚他们的感受，这就需要你来确定什么时候该使用哪些药物。

有很多个晚上，我都得陪着可怜的孩子一起睡觉或是睡在他们身边。我曾陪过埃利奥特很长时间。他在学校摔断胳膊时，那根骨头就像掰铅笔一样断成两半。我知道那一定很疼。他受伤后的前 10 天，我们俩几乎都没合眼。我只能靠星巴克和埃克赛德林（Excedrin，一种偏头痛镇痛药）来续命。

埃利奥特摔断腿之后，我希望他不用再找整形外科医生治疗了。到目前为止，我们给医院贡献的业绩已经足够这些医生们全家出去旅行一趟。但正如那句老话所说，“明天和意外不知道哪个先来！”

简而言之，一切还没有结束，还差得远呢。如果我没记错的话，全家人平安无事地度过了一年的时间。我想骨科的医护人员可能已经开始“想念”我们了。

埃利奥特并不是那种运动型孩子，其实他更像是温室里的小花朵。所以，当有一天他放学回家，告诉我他要参加学校篮球队的选拔时，我感到很惊讶。但我觉得这对他有好处，他似乎也对自己的决定很满意。他对于能在课间休息时打篮球感到兴奋，而且积极地为下周举行的选拔赛做着准备。结果第二天——的确就是第二天——学校护士就给我打了电话。

他在课间休息时弄断了大拇指。

我不是在开玩笑，我有当时的照片和就诊记录。埃利奥特十分沮丧，因为这个小插曲让他错过了整个篮球赛季。我也为他感到难过。

不料9个月后，我们又带着艾玛去看骨科，因为她在学校下台阶时摔断了脚踝。她很激动，她终于有了拐杖！她确实高兴了一段时间，直到发现拄拐有多不舒服，然后就一点儿也开心不起来了。在她康复期间，我们不得不和她一起住了6个星期。我是真的考虑过要不要再继续吃点阿普唑仑。

兄妹之间的竞争很有趣，他们总是热衷于惹毛彼此。这是他们成长过程中的必经之路。在这一章的故事里，伊森还算安分，除了那一次他在沟里磕得头破血流。很明显，他比另外两个孩子更强壮。杰夫和我曾希望作为长子的伊森能更懂事一些，但这也仅仅是我们的“希望”。

我们想错了。

一个慵懒的夏日午后，孩子们在打闹，伊森把目标对准了他妹妹。他声称自己过来只是想“拥抱”她。我的“母性雷达”立即发出警报，不行，孩子！换个姿势。他没听我的，但我还是选择相信他，直到艾玛的右手臂动不了了。

据我所知，在他们兄妹俩“拥抱”的过程中，艾玛的右肘始终处于扭曲状态。我们不仅再次回到了熟悉的骨科医生那里，而且全家都陷入了相当麻烦的境地。一般来说，大多数孩子受伤都是在父母不在场的情况下发生的，但这已经是他们第三次在家里受伤了。

医生不断追问孩子们到底是怎么受伤的，比如，你受伤时，父母在干什么？你在家里经常感到害怕吗？你觉得在家安全吗……一直帮我们家看病的儿科医生也接到了这样的问询电话。我很惊讶，骨科医生竟然拖了这么长时间才想起来求证这个问题。儿科医生真诚地（而且迫切地）证实了我和孩子们对骨科医生说的话。的确，我的孩子没有受到虐待，同样，他们也没有受到威胁。只不过，他们确实有点毛手毛脚。

好在艾玛的手肘没有骨折，只是严重扭伤了。因为我们每年都要和我父母去阿兰瑟斯港海滩（Port Aransas Beach）旅行一次，于是在临出行三周前，艾玛只能带着粉红色的全臂石膏离开医院。原计划是，在我们回来两天后，艾玛就可以取下石膏，这听起来没什么问题。不过，我嫁的人是一个百战天龙[①]（MacGyver）一样的家伙，我爸爸也和他差不多。他们俩立即拿来尖嘴钳和菜刀就帮艾玛取下了石膏，这个束缚物很快就四分五裂。艾玛高兴极了。

对此我十分担心。如果艾玛是手肘骨折，那我是绝对不会同意的。但考虑到只是扭伤，我便睁一只眼闭一只眼地让他们继续操作，这样艾玛就可以和她的祖父母和兄弟们一起享受周末了。

……※……

在粉色石膏事件之后，我们有过一段风平浪静的日子。没

---

① 一部充满武打和搏斗的连续剧主人公。他常常只用日常生活的物品就能帮助自己和他的伙伴脱离麻烦。

有哪个孩子争着为雷普利（Ripley）的《信不信由你》[①]（*Believe It or Not*）提供新素材。我们过得很顺利，直到杰夫独自带孩子们出去旅行。不过，平心而论，即使我和他们一起去了，该发生的一切也很可能还是会发生。这就叫作防不胜防。

等孩子们长大了一些（分别是11岁、12岁和13岁），在春假的时候，杰夫带他们去滑雪。我不能和他们一起去，因为我回到了大学读书，我的春假和孩子们的假期时间不一样。那是我毕业前的最后一个学期，一位教授直截了当地告诉我，如果我缺课一周，他会让我在两个月后无法和同学们一起参加毕业典礼。这后果太严重了！

杰夫和孩子们离开以后，他一直向我报平安，定期给我发一些孩子们在科罗拉多州落基山脉上滑倒、爬起和翻滚的照片。我知道，在他的内心深处，他很享受作为“单亲爸爸”的美妙一周，同时也拼命想保证孩子们的安全。但到了周末，这种幸福的感觉可能已经被消磨殆尽了。

到了周一，孩子们终于可以第一次在没有滑雪指导或教练陪同的情况下正式上雪道了。他们兴奋不已！杰夫小时候曾在科罗拉多州的山上生活了很长时间，显然，滑雪和骑自行车很类似，都是一种只要学会就永远不会忘记的技能。但他忽略的一件事是，我们的三个孩子从来没有见过雪，更不用说双脚

① 一档美国电视纪录片，由雷普利监制，专门收集全球各地、令人眼界大开到能怀疑真实性的奇人异事。

固定在滑板上，以飞快的速度从大自然的死亡陷阱上俯冲下来了。真是大意！

在这个充满欢乐的下午，杰夫一不小心就把三个孩子都弄丢了。当时的情况不是简单的“哎呀，我现在看不到他们了”而已。完全不是。杰夫抓狂地打出一个接一个的电话，不停询问同行的其他人，恳求他们能帮忙找到路易斯家的孩子们，还不忘嘱咐对方“请不要向我妻子提起这件事。”

谢天谢地，当他正和我们的朋友莱斯利通电话的时候，埃利奥特跌跌撞撞地滑下山坡，连滚带爬地停在了她面前。莱斯利马上告诉杰夫，她实际找到了三个孩子中的两个，目前还丢了一个。

滑雪搜救队从山脚下的救援站出发，朝着伊森最后出现的地点的大致方向前进。莱斯利照看两个小家伙，杰夫紧张得连大气都不敢喘。伊森与另一名滑雪者发生碰撞倒地后，怎么也爬起不来了，于是无奈地躺在雪地里等待救援。他伤得并不重，只是受了点惊吓。

这是伊森当天的第二次失利。前一次碰撞使他的左臂动弹不得，所以当他在空中倒立飞行准备这次着陆壮举时，他当然知道不能再用已经受伤的左臂触地。所以他在半空中扭转身体，战略性地选择用身体右侧着陆，但实际上他右臂受到的冲击比左臂受伤更加严重。伊森决定，与其艰难地爬起来，一瘸一拐地走下山，还不如索性躺在雪地里，等待救援。就是在这个过程中，他的父亲被吓得魂不附体，算是对他的惩罚吧。

杰夫终于在救援站见到了伊森，他的胳膊上绑着护腕和吊带，除此之外安然无恙。后来杰夫却得了轻微的心脏病，需要接受治疗。

还记得旋转茶杯吗？他们用各种故事和照片记录了在铜山（Copper Mountain）的时光，可我觉得这个春假就像旋转茶杯一样让我心惊胆战。这些意外事件的严重后果直到他们回家一段时间之后才完全显现出来——确切地说，是两个半星期之后。

那时，我发现埃利奥特右手臂下有一个小疙瘩。表面上，我看似随意地问："嗯，这个疙瘩有多久了？疼吗？我们去医院检查一下吧。不过看起来没什么大不了的。"但在内心深处，我在尖叫，这是个大问题！非比寻常的大问题！

恰巧这段时间伊森也在抱怨他的手腕疼痛。于是我开着车在早高峰时段穿过休斯敦的车流，送埃利奥特去看儿科医生，同时把伊森这个滑雪摔伤的冒失鬼绑在副驾驶上。我的想法是一举两得，趁着带埃利奥特看儿科的时候，顺便把伊森送去骨科。

俗话说得好，不管是人是鼠，精心设计的计划总是出岔子[①]。看来伊森并不是唯一在春假期间受伤的孩子。排队看骨科的预约已经排到了一个星期以后。这是在开玩笑吗？到目前为止，他已经忍受这种恼人的疼痛有两个半星期了。我们不能再等一个星期了。

① 著名苏格兰诗人罗伯特·伯恩斯的名言。

当我们坐在儿科医生的办公室里，等待验血结果来证实医生的怀疑时（他们推测埃利奥特胳膊上的硬结只不过是一个发炎的淋巴结），医生动用了一些关系，帮我开了一张伊森需要专家会诊的证明，终于在那天下午为我们约到了另一位骨科医生。伊森戴着他从滑雪搜救队那里弄来的结实的钢板护腕，这时医生微笑着走进来说："你真是个坚强的孩子。你的两只胳膊都摔断了！"

那一刻，我崩溃了。

你有没有过这样的感觉，仿佛所有空气从你的肺部被抽走，而你的肠胃绞痛，感觉肚子就要掉到膝盖上？这就是我的感觉。我心跳加速、呼吸困难，什么也说不出来，只是嘟囔着："哦，天哪，伊森。我真的很抱歉。"

这几乎成了我的口头禅。我可能还说了好几遍"我要找你爸爸算账"。现在，我对于听到这个消息最初几分钟的记忆还是有点模糊。伊森却笑了。我顾不上医生正在说话，完全陷入歇斯底里的状态。我想不出自己还有什么时候，像那天在医生办公室里那样彻底丧失了理智。相信我，我对他们的医疗收入做过不少了不起的贡献。

医生不得不停止照顾我受伤的儿子，转而来照顾我。他给我拿了水和纸巾，说了许多安慰的话，还提供了一切他想到的能让我冷静下来的东西。除了阿普唑仑，其他东西都不起作用。这可能是唯一能让我恢复平静的东西。他甚至安排一名护士把我从房间里扶出来，带我去洗手间，鼓励我振作起来。这段经历简直不堪回首。

当我回到房间时，伊森满脸笑容。他走过来拥抱我，安慰说："没什么大不了的。"没什么大不了的？我很难过，毕竟断了两条胳膊可是件大事。我必须说，医生办公室的工作人员都非常善良，他们对我完全没有偏见。每个人都向我保证，这种情况十分常见，孩子们适应力强，很快就会康复。

总而言之，尽管我在前一周还让伊森打了棒球，但并没有对他造成永久性的伤害。幸运的是，他足够聪明，知道自己不能挥棒或击球。他当了跑垒员，在两只胳膊都断了的情况下，仍然成功地两次滑进了一垒和三垒，这真是个悲惨又励志的故事。

杰夫对这个诊断结果感到很困惑，因为滑雪搜救队曾向他保证，伊森的手臂没有骨折，毕竟他的两只手都可以活动。滑雪搜救队已经尽了全力，我很感激他们，是这些搜救队员把我的两个儿子从两座不同的山上救下来，并在他们需要的时候照顾他们。

没错，也是在那个多事春假的另一天，埃利奥特再次惊动了整个搜救队——他被绑在担架上，戴着颈托，吸着氧气下了山。（他没有受伤，只是被吓坏了。和他姐姐一样，埃利奥特认为在电视上看到的那些动作并不像看起来那么难。不过，他得到了珍贵的教训：单板滑雪的确很难。）

尽管滑雪搜救队反应迅速、行动有力，但他们没有 X 光透视眼。虽然伊森的两个手腕几乎活动正常，看起来也没有肿胀或瘀伤，但这并不意味着他的手臂真的没事。我们的原则是：倾听孩子的感觉，他们通常知道自己的身体出了什么问题。

有时你需要一点布洛芬来缓解疼痛，其他时候，也可能需要一点阿普唑仑来抑制激动。嘿，我不是在评判谁，但胆小的人的确不适合做父母！

9

狗狗乐园

几年前，当我离家逃到加利福尼亚州时，我的行动完全受妹妹们行动的限制。因为我没有自己的车，所以她们去哪儿我就跟着去哪儿。我的一个妹妹想带她的狗去巴尔博亚公园[①]（Balboa Park）的狗狗乐园。我从来没去过狗狗乐园。我想这可能会很有意思，何况我也没有别的选择。她的小波士顿斗牛犬弗劳尔（Flower）很喜欢坐车。它和家里的孩子没什么区别。事实上，直到那天我才知道狗和孩子能有多像。

像狗狗乐园这种地方的设计初衷是在城市里开辟一个封闭的区域，让市民的狗可以在那里自由地奔跑。它们可以和其他狗狗一起玩耍、吠叫，狗狗们都很开心。我很惊讶在这里几乎可以看到所有类型的狗，从小小的吉娃娃，到中型的杂交犬，甚至还有一些非常大的、配鞍的大丹犬。每一只狗都在玩，彼此相处得很愉快。狗主人们三五成群地站着，欣赏他们的“孩子”尽情玩耍。你可以听到不同的狗狗在赛跑时的“交谈”：

① 美国国家历史地标区域，被收录进了国家史迹名录中。公园内有绿地、植物园、公园、小径、博物馆、动物园以及剧院，也时常会举办一些特别活动。

弗劳尔：快来追我！

别的狗：不，你来追我！

另一只狗：快往这儿跑！

弗劳尔：好的！

狗狗们兴高采烈地跑来跑去。我发现自己为弗劳尔担心，就像我们在公园里为自己的孩子担心一样。但弗劳尔和孩子一样，沉浸在自己的快乐中，玩得很开心。它和所有的狗都在一个公平的竞争环境中——直到有人拿出一个玩具。

看到玩具，事态就悄悄发生了变化。一群本来安安静静跑着、玩着的狗现在互相攻击，龇牙咧嘴地咆哮着。弗劳尔开始追逐另一只狗，当狗主人弯腰抱起自己的狗时，它甚至跳到了那位狗主人身上。我的妹妹赶紧跑过去抓它，但弗劳尔还在奋力挣扎，它不想离开乐园。事实上，这是一场人与狗之间展开的特殊意志之战，就看谁会最终获胜。

因为一个飞盘，一切都崩塌了。

孩子也是这样，奇怪的权力斗争每天都在发生。孩子们会不断测试他们的界限。要知道，无论我们把界限设定在哪里，他们都会不断去挑战，直到他们越过底线，然后等着看我们会怎么做。唯一的安慰是我们知道他们对其他人也是这么做的。他们不止在测试他们的父母，而是在测试他们在世界上遇到的每一个人。

我的孩子们上幼儿园的时候，经常在放学时带回一张便条，告诉我他们中的哪一个在幼儿园咬了人。等到他们上了学前班，老师会在一天结束的时候写下一些非常甜蜜的“笑脸”笔记。我很期待、也很珍惜那些“笑脸”笔记。不过，“笑脸”出现的频率远远不像与之对应的“哭脸”笔记那样高。

我最不希望在孩子们的柜子里看到的就是一张红色的纸条，上面画着一张“哭脸”。这就意味着，我的孩子那天犯了很多错误，老师甚至找不出任何理由来给他画一张“笑脸”。因为他们三个在同一个学前班读书，十有八九出现的情况是，每个周二或周四，至少有一个孩子的柜子里会出现一张红色的纸条。偶尔也会出现一个超级可怕的日子，在同一天里我看到不止一张红色纸条。

欲哭无泪。

我以前说过，我们给埃利奥特起了一个外号叫“小食人鱼”。我还没来得及透露的是，另外两个孩子也和他差不多。他们三个都是一流的咬人高手，这一切都“有迹可循”。我妈妈就特别爱咬人。我敢肯定，她在 10 岁或 11 岁之前，经常咬她的朋友。关于我妈妈和她咬人的故事，在得克萨斯州山区的流传程度堪称史诗级别。所以在孩子们咬人的问题上，我选择相信遗传学。

我认为他们咬人有两个原因。第一个原因，这是一场老式的权力斗争。当别人手里有他们想要的玩具，又不给他们玩时，他们就会亮出牙齿——这是本能反应。第二个原因，当孩子还很小的时候，如果有一个比他大一点的孩子欺负人，那么牙齿就成了最有效的自卫武器。咬人带来的威胁既是真实的，又是对方能感知到的。不管怎样，亮出牙齿都是好办法，只不过有人可能会流血。

我确信，如果这所幼儿园忍无可忍，那我的孩子一定是第一个因为咬人被开除的孩子。但我真的解决不了他们咬人的问题。因为他们只在学校里这样做，至少一开始时是这样的。我的每个孩子都收到了非常多的红色纸条，多到我可以用它们把楼下的浴室铺满——这意味着他们的同学身上都有很多牙印。

学校对孩子们的管理受到某些限制，校方只能执行某些类型的惩罚。这三个“小野人”都被强制阅读关于牙齿是用来咬苹果而不是咬朋友之类的可爱绘本。饶了我吧。当一个两岁的孩子有目的地去咬人时，给他读一本关于咬苹果的书是不会让他明白你的意思的。他们也被罚在学校的休息时间静坐。这可能看起来比较安全，但实际上却是给了他们时间来策划下一次的进攻。

我是视觉学习者。当我能看到需要学习的东西时，就会掌握得比较好。你可以告诉我你想让我学什么，如果你能一边讲解一边演示，我就更容易记住这些信息。孩子们的学习模式跟我类似。每次到了学校，看到一张恼人的红色纸条出现在小柜子里时，我都会先努力压制自己的郁闷，不会一股脑儿地朝我可爱又无辜的孩子们“喷火”，然后绞尽脑汁想法子让他们明白，咬人是会让他们失去好朋友的。

但是，当你和一个 2 岁或 3 岁的孩子说话时，理性说教往往不起任何作用。我需要一种向他们演示的直观方式。事实证明，我需要的只是耐心。孩子们有时会集体忘了他们在和谁打交道，他们忘记了我是他们的妈妈，而不是学校里的小朋友，所以当他们张开嘴，露出尖牙向我下口时，我就直接咬回去。

我要再次声明，我没有伤害我的孩子，而且永远不会伤害他们。不过，我终于成功引起了他们的重视。我不仅利用这个机会告诉他们咬人很疼，而且直观地向他们证明这究竟有多疼。虽然他们在我身上留下了完整的上下牙印，可我却没有在他们身上留下同样的印记，但妈妈咬孩子的行为在"伤害感情"排行榜上排名十分靠前。在那之前，我已经反复告诉他们，被咬的小朋友会很疼，但直到他们自己被咬了之后才真正明白了这一点。

从那以后，我就不会再从学校收到那么多红色纸条了。

为人父母就是要把握好时机。我们必须要有耐心，确保自己比孩子们更有精神。不得不承认，他们在这个方面更有优势，所以我们必须时刻保持警惕。孩子们非常聪明，他们能够看穿家长的虚张声势。如果他们发现什么时候我们的精力跟不上，那么父母的威胁就不具备震慑力了。

就拿汽车安全座椅来说吧。不知道是什么原因，仿佛他们的每一根神经都天生要和安全带作对。孩子们不懂，我们发明汽车安全座椅并不是为了给他们带来无尽的折磨和惩罚。他们不懂，如果不乖乖地坐在座位上，他们就有可能会受伤，或者妈妈就会受到当地法律的处罚，并冒着把她"勇敢"的孩子交给当局去保护的风险。

他们只是觉得，这个安全座椅的五点控制系统是个“魔鬼”，对他们的幸福感和心理健康构成了直接威胁。他们必须战斗、战斗、战斗到死，用他们小身体里的一切力量来摆脱这些可怕的、邪恶的装置。

每次把伊森放进安全座椅时，他都会尖叫，不知道的人还以为我们在他的座椅后面装了加热棒或是钉子。难道孩子们不喜欢坐车吗？我在电视上看到的孩子都很喜欢坐进车里啊。电影里，每当有爸爸妈妈把孩子们放到车里的时候，他们似乎都很平静。事实上，当所有沟通方法都失败时，把孩子关在车上可能是父母让他们冷静下来的唯一方法。

但我儿子不喜欢坐车！

他一直尖叫，甚至让我觉得他要窒息了。在去便利店的半路上（从我家到便利店只有十分钟的车程），我不得不把车停下来，爬到后座上，检查一下安全座椅是否真的出了什么严重问题。令我既宽慰又沮丧的是，安全带没有问题。从他发出的尖叫声中，别人都会认为——至少推测——一定是有什么地方不对劲。其实并没有，他只是疯狂地抗拒。这种情况一直持续，直到伊森长大了，可以独自坐在座位上。

我的好朋友阿曼达（Amanda）和她的女儿也经历了类似的事情。不同的是，她的女儿才 4 岁。这孩子超级聪明，知道怎么激怒她妈妈。一天傍晚，当她们俩准备离开我家时，道别变得尤其困难，因为她的女儿就是不愿意出门。我主动提出“帮忙”，把她们所有的东西（包包、鞋子、杂七杂八的衣服）

都搬到车上，而阿曼达则挣扎着抓住她那疯狂扭动身体还尖叫着的孩子。

“我不想回家！我要留下来吃晚饭！我就要在这儿吃晚饭！我不走！”

阿曼达用尽一切方法才把这个身材娇小的“职业拳击手”放到后座的安全座椅上，但无论如何都没能给她扣上安全带。这个小家伙虽然体重不大，但为了她的安全着想，还是需要使用五点控制系统的安全带。阿曼达刚刚成功地系好了一条腿上的安全带，突然，她的女儿戏精附体般地尖叫起来：“你弄疼我了！”

阿曼达的双手停在半空中，她直起身子，迅速从孩子身边向后退，她的头一下子撞到了车顶。最精彩的一幕来了：她 4 岁的女儿脸上浮现出一种自鸣得意、心满意足的表情，因为她刚刚找到了令家长愧疚的金钥匙。阿曼达转过身来看我，慢慢地站起来，顾不上她愤怒的女儿还在车里尖叫，含着眼泪问道：“我该怎么办？”

朋友们，我要告诉你们，一定要给孩子系好安全带！阿曼达绝对没有伤害她的女儿。她遵守法律，让孩子坐在安全座椅上，这能保证孩子的安全，这是正确的选择。如果她允许孩子在车内自由活动，那她女儿就会不顾阿曼达的阻拦，冒着生命危险在前后排之间爬来爬去。

我把手放在阿曼达的肩膀上，直视着她的眼睛，告诉她要完成眼下的事情。“继续给她系好安全带。用坚定有力的声音

（而不是大喊大叫——这种声音起到的作用是不同的）提醒她你是她妈妈，这样你就能赢得这场‘战斗’。”

我之前说过，某些“战斗”不一定是我们必须固守的“山头”（还记得浴缸里的护发素事件吗），但这场特别的“战斗”我们必须取胜，因为孩子的安全是生死攸关的问题。给他们系好安全带吧。

我坐上驾驶座，想看看这一切到底会如何收场。我很高兴地看到阿曼达确实给她女儿系好了安全带。但她女儿仍然尖叫着，疯狂摇动可爱的脑袋，阿曼达很有负罪感，于是拿出了苹果音乐播放器作为向女儿求和的白旗。她女儿愤怒地把它扔到一边。阿曼达伸手去够，还想再安慰她一下，但我却把它捡了起来：我们不能用有趣的东西来奖励可恶的行为。

坚持你的立场。做父母就要有做父母的样子。就算他们一路哭回家又如何？非要哭那就让他们哭吧。每次上车时，你该如何处理这种级别的噪声？不如打开收音机，大声地播放一个节目。在这些问题上，只要你坚持不妥协，只需两三次，孩子们就会意识到谁才是真正的掌权者。

……※……

用餐时间也是一个有趣的家庭战场。在厨房里，我们已经讨论过许多次“晚餐吃什么”，我最常用的回答是“我做什么你就得吃什么”。

豌豆泥大概是你能在便利店买到的最恶心、最没有吸引力的食物了。它们看起来很难吃，闻起来更难闻，但对宝宝的健康成长至关重要。事实上，如果你站在当地超市的婴儿食品区，仔细看看所有罐装食品，就会发现几乎可以买到所有蔬菜、水果或者两者组合的品类。我们的孩子需要均衡饮食，这对打下坚实的健康基础非常必要。

尽管我几乎什么都吃，但豌豆可能是我在这个世界上最不喜欢的食物了。我还清楚地记得，我妈妈做晚餐时就经常使用豌豆，我一勺一勺地把豌豆铲进嘴里，用牛奶把它们囫囵吞下，以免咀嚼或品尝它们的味道。即便如此，现在豌豆仍然是我家的主食。我还是不喜欢吃，但会坚持给孩子们吃。从他们还是坐在餐椅里的婴儿时，我就给他们喂豌豆泥了，因为我希望他们健康成长。（另外，大家一定还记得，冷冻豌豆是绝佳的冰袋。）

我家有两个相当不错的“干饭人”和一个“挑食鬼”。猜猜看，谁是最挑剔的那个？

在有孩子之前，我经常会说一些“我绝不……”的话，比如“我绝不会用吸奶器泵奶”“我绝不会把电视当保姆用”“我绝不用奶瓶喂孩子”，但我最常说的话是“我的孩子绝不会那样做”。

艾玛是个很难喂养的孩子。她很早就不吃母乳了，这很可能是因为我当时怀上了她弟弟（这让我更有负罪感），所以奶瓶成了她最好的朋友。睡眠不足会让人产生各种各样的馊主意——比如把米粉放进六周大孩子的奶瓶里。第一次加辅食时，卡罗尔试着用勺子喂她，但是不行。然后我们就想，把米粉加进她的夜奶里可能会更有效。那是“液体黄金”，艾玛吃得欣喜若狂。她一口一口地吸了进去，然后连续睡了 6 个小时。当然，这一天晚上，我每隔 30 分钟就起来看看，确保她还在呼吸！

随着年龄的增长，在这位崭露头角的美食评论家面前，做出她喜欢的食物变得越来越困难。

自从艾玛学会说话，她最喜欢说的一句话就是“这过期了吗？”我不知道她从哪儿学来的这句话。每次我递给她一杯刚从冰箱里拿出来的牛奶，她接过去之后，总会看看我、看看杯子，又看看我，再用天使般的声音问：“妈妈，这过期了吗？”真是让我不知道说什么才好。

哪怕是刚从滚烫的锅里盛到盘子里的食物，也会接受同样的疑惑目光洗礼，然后紧跟着就是同样的问题。这种情况持续了两年半之久，搞得别人都以为我们家经常吃过期食物。现在艾玛已经不记得那个阶段了，但她仍然几乎每天都要检查所有的食物，既包括易腐食品，也包括长保质期食品。

她的另一个大问题是关于吃肉的事情。我在家里做的每一道菜都是鸡肉，但实际上不管是不是鸡肉都无所谓。在她看来，为了家人的健康，我们每天晚上都应该吃鸡肉。我要解释一下，她为什么会这么认为。

直到现在，艾玛还一直很喜欢吃鸡肉。她以为自己从不吃其他肉类，但我给她吃的肉类其实包括炖猪肉、牛排、猪排，甚至各种香肠。事情是这样的：当她还小的时候，我们（我不记得是从谁开始的）养成了让她吃鸡肉的习惯，并一直延续到现在。艾玛现在已经长大了，但她依旧认为我唯一会做的肉就是鸡肉。对我的一些朋友来说，家里只吃鸡肉也算不得是一件坏事。

我知道有很多妈妈每天晚上都表现得像是快餐店的厨师——她们先做出一顿孩子喜欢的饭菜，包括鸡块或热狗，旁边还搭配通心粉和奶酪，然后再给自己和爱人做一顿完全不同的成人餐食。对于那些以这种方式经营家庭的人，我真的想问，为什么要不厌其烦地分开做两顿饭呢？这样不是很累吗？

我知道大多数成年人都不喜欢晚餐吃鸡块配奶酪通心粉。我是说，我们起码不会把这些食物当晚餐吃。你是不是担心孩子们不愿意吃你放在他们面前的东西？我保证，他们会吃的。也许一开始不情愿，但是小家伙饿到一定程度就会吃光盘子里的东西。

我爸爸从事大型卡车运输之前，曾经是位厨师。在我看来，他是全国最好的厨师之一。我从小就吃一些奇怪的东西，因为他想丰富我的味觉体验，他想让我和妹妹们接触各种各样的食物和口味。比如，当大多数人都用传统的玉米面包酱庆祝感恩节晚餐时，我们家吃的却是牡蛎酱。

我爸爸最喜欢的食材之一是干海藻，因为他喜欢自己做寿司卷。另一道经常出现在我家餐桌上的美食是韩国发酵蔬菜——泡菜。他让我们多吃蔬菜，这样我们就会长得又高又壮。他还希望带着四个孩子出去旅行，按照各地食谱给我们点餐，或者（至关重要的一点）带我们去任何人家里吃饭时，不会因为我们挑食而感到尴尬。

如果我们日常接触的食物只有鸡块、热狗、通心粉和奶酪，那么到马克（Mark）和斯蒂芬妮（Stephanie）家里做客时，我们要吃什么呢？顺便说一句，他们俩没有孩子，于是决定大家一起吃烤鸭。你能想象，我的父母——或者任何父母——在朋友家里用餐时，他们的孩子面对盘子里食物说“这看起来很恶心，我不吃”，他们会有多抓狂吗？

爸爸也知道，总有一天我们会长大，离开父母，拥有自己的小家，但我们从他那里学到的技能是无价的。别误会，我做的鸡块很好吃，但我炖牛肉更棒。我逐渐意识到，并不是每个人都有机会从像我爸爸这样的人身上学到上流的厨艺，但借用《料理鼠王》（*Ratatouille*）中的一句话，“料理非难事。”

只要你能看书，就能学做饭。我知道贝蒂妙厨[①]（Betty Crocker）就出过一本菜谱。还有一种东西叫作互联网，你可以在美食网站学习做饭。根据你手头的食材，做一顿适合全家共享的大餐。你甚至可以联系我，我会帮助你闯过下厨房的难关。

想想看，如果孩子只吃鸡块、热狗或奶酪通心粉，偶尔再

① 贝蒂妙厨是财富500强企业美国通用磨坊食品公司旗下的品牌，成立于1921年，主要经营范围有蔬菜罐头、水果罐头等产品。

加点水果，那我们怎么保证他们的营养均衡呢？我们在小学的健康课上都学过食物金字塔，我们的身体需要四类基本的营养摄入，虽然我刚刚提到了四种不同的食物，但远远无法涵盖这四大类必要的食物。

我有一个朋友，她7岁的儿子日常只吃鸡块和土豆泥，而且必须是特定品牌的鸡块和土豆泥。她说，只要她把任何其他东西放在她儿子的盘子里，他就作呕。他最后一次吃其他东西还是坐婴儿餐椅的时候。那她是怎么做的？答案是她每天晚上都做两顿饭，一顿给她儿子，另一顿给她自己和丈夫。

好吧，也许这没什么大不了的（其实我真的认为这是个大问题，但为了方便叙述，我们暂且认为这没什么大不了的吧）。如果你只有一个孩子，从逻辑上来说，你可以用微波炉快速加热食物作为晚饭。但如果你有6个孩子呢，你怎么办？说真的，我还有一个朋友，她就有6个孩子。我问她是怎么做晚饭的，但她没明白我的意思。于是我就换了一种问法："你晚餐是只做一样东西供全家吃，还是让每个孩子决定他们每晚想吃什么？"

她足足笑了10分钟才停下来。缓过来以后，她说："你疯了吗？如果我让他们每个人选择自己想要的晚餐，那这一顿饭就需要我花一整天的时间！绝没这个可能。只有我能决定吃什么，他们可以吃也可以不吃，这是唯一可提供的选择。"

太好了！我总算见到了一个明智的人。

我要重申一下，虽然我每周平均有五个晚上给家人做饭，但有时孩子们并不买账。我做的饭并不总能让他们心花怒放、胃口大开。有时他们会质疑："呃，妈妈？你做的到底是什么？"

没错，有时候我做的晚餐不像预期的那样让家人满意，这时就不得不求助于比萨外卖来挽救局面。但最重要的是，我要求他们先吃我做的饭，他们也确实吃了。

说真的，孩子们拒绝吃饭的时候你会怎么做？在我们家，我会给他们（通常是艾玛）一个晚安吻，然后把他/她送到床上。少吃一顿饿不死人。他/她可以在第二天早晨6点45分直接吃早餐。

我总是对拒绝吃饭的孩子说："我不辞辛劳地做饭，你最好努力把它吃掉。我不会毒害你，面前的食物也不会置人于死地。我做的饭可不是《1001种慢慢折磨孩子的方法》（*1001 Ways to Slowly Torture Your Kids Handbook*）中说到的'毒苹果'。这就是一顿晚餐，涵盖了成长所需的4种基本营养，这对你有好处。来吧，帮我们一个忙，把它吃了。如果你真觉得这个要求太过分，那就做个好梦吧。我爱你，我们明早见。"

我知道这可能超出了一些读者的心理承受能力。如果你们不相信，可以去问问儿科医生，他们也会告诉你同样的观点：孩子少吃一顿是不会饿死的，最终他们会选择吃你给他的所有东西。

这是一项艰苦的工作，你必须坚守立场。如果你三天打鱼两天晒网，孩子们会看在眼里，然后会不停地逼迫你、挑战你，直到把你击垮。你准备好了吗？今天的斗争是关于吃不吃青豆和烤牛肉，但明天，它将是关于十点半回家还是凌晨回家，抑或是一对一约会还是多人约会的斗争。拿出父母的样子来，坚持你的立场。

最后，我要问问大家：你们不累吗？如果工作了一天，好不容易穿过拥挤的交通，接完孩子，走进家门，你真的想多做一顿饭吗？甚至你想做饭吗？如果正值孩子们的棒球、足球或橄榄球赛季，你更会忙得什么都顾不上。还有，那些工作日晚上的补课班会把你累死的。对于我们这些有女儿的人来说，还要送她们去上舞蹈课、体操课，还有我个人最喜欢的艺术课，一周至少两次。一想到这些，我的头就开始疼了。

现实情况是，如果你幸运地在四点前下班，就可以在四点半前接上孩子，在五点钟赶到家，抓紧时间换好衣服然后赶往球场。晚饭在哪里解决？恐怕只能选择那种带行车通道的快餐馆（也叫“得来速”，不必下车就可以点餐带走），连孩子的作业都只能在车里完成。

你想知道我的秘密武器是什么吗？答案就是 10 磅一包的汉堡肉饼。这是我在孩子们球类训练和比赛的繁忙季节的秘诀之一。我买好 10 磅一包的汉堡肉饼，把它们烤熟，装进分装袋，然后冷冻起来。瞧！晚餐已经做好一半了。在比赛季，汉堡帮手（Hamburger Helper，一个知名汉堡肉饼品牌）就是我最好的朋友！孩子们可以在去球场的路上用一次性勺子在车里用塑料杯吃，而且它们比得来速更便宜。在煮面条的时候，往锅里放一些冷冻豌豆，也可以让孩子们就着煮锅吃一顿热腾腾的晚餐。

非赛季的晚上，家庭的日程安排也基本相同。我们需要接孩子放学，并督促他们写家庭作业。在一周的某个晚上，还得让他们洗澡。在我家，抓住这两个淘气的男孩子一直是一项有趣的运动。他们总也不明白，为什么至少每三天就必须洗一次澡。这一定是 Y 染色体在作怪。

家里还有其他事情需要我来操心，比如永远有那么多脏衣服要洗。不停地洗衣服真是累人，而且这项工作永远没有尽头。最重要的是，我们（很多人）还有爱人需要抚慰。在某个特别安静的夜晚——孩子们已经上床睡觉，狗狗也在沙发上睡着了，电视的音量被调低，你独自站在厨房的水池边忙碌。你刚刷完最后一个盘子，有人走到你身后，轻轻把手放在你的肩膀上，猜猜是谁来了？嗯，是那位精力依然旺盛的丈夫。你深深懂得，这轻柔的触碰意味着什么。

但你刚刚在厨房里花了四个小时给每个孩子都做了不同的饭菜，你实在太累了。在这个“狗狗乐园”里，孩子们是至高无上的存在。他们赢了，他们甚至没有意识到自己的胜利有多伟大，但我敢打赌，你和你的丈夫都感觉到了你们的损失是多么惨重。

权力斗争的形式和规模各不相同。我只是拿为家人准备晚餐举了个例子。无论这种斗争带来的威胁是真实的还是情绪的，我们都需要保护自己的财产安全和身心健康。当涉及如何管教孩子时，夫妻之间也会出现权力斗争，而所有这些都只是“狗狗乐园”中的一部分。

那么，你要选择如何应战呢?

10

愤怒管理

请想象这样的画面：摇床上躺着一个熟睡的婴儿，一位妈妈面露微笑，轻轻哼着一首轻柔的摇篮曲，正哄着她胖乎乎的女儿进入梦乡。现在，我们把时间拨快两年。女儿仍然很可爱，只是不再胖乎乎的了，她美丽的蓝眼睛仍然闭着，但这次闭得很紧，嘴巴张得很大。四周的空气都在振动，汹涌的暗流一点也不像曾经平静悠远的摇篮曲。接着，一声刺耳的尖叫划破寂静，这股力量来自一个愤怒的2岁孩子，她正在学习让每对父母都苦不堪言的噩梦——发脾气。

孩子的“火山喷发”将考验父母的承受极限。你问我是怎么知道的？因为我见识过，并“幸存”了下来。

每个孩子都不一样，发起脾气也千差万别。但是，每个孩子都有独特的能力，在他们希望的任何时候让爸爸、妈妈或是父母二人都被他们的暴怒火山所吞噬。大家知道在这个糟糕的现实中，最有意思的一点是什么吗？答案就是，我们永远无法摆脱发脾气，我们只会更擅长适当地发脾气。

到目前为止，我已经花了很多篇幅将我们的“家丑”外扬。各位读者想了解我的愤怒管理吗？我猜你们一定很感兴趣。我来自一个长期以来一直引以为傲的愤怒控制王牌家族，在全德国或者整个德国南部，我们家族里的每个人都堪称王牌愤怒控制者。但我拥有一套独特的个人技巧，能让自己大多数奥斯卡获奖级别的愤怒表现看起来都像是开玩笑。

话虽如此，我并不经常展现这些技能。这些年来，我已经明白了控制愤怒的重要性。但偶尔，即使是最温和、最自制的公主也会失去理智。某些我被迫与之打交道的人（我说的是家人），有时真是让我恼火。我无法克制在他们身边时的本能反应。我只能说，温婉的家庭主妇（Suzie Homemaker）消失不见，邪恶的女巫取而代之：一时间，雷霆霹雳、雨雪风霜、刀光剑影轮番上阵，伤及全家。

有一年夏天，我们在家里举行了一个小型聚会。我们的（虽然说的是“我们的”，但其实是“我的”）金毛猎犬——查理（它是个女孩），已经 13 个月大了。我非常喜欢查理，老实说，我对它的喜爱几乎到了痴迷的程度。

与大多数人的想象不同，小狗不一定都喜欢游泳。虽然它们天生就会游泳，但并不是所有狗都喜欢水。我不想让查理受到惊吓或者溺水，所以一直在引导它慢慢进入泳池，这样它就能适应在水里的感觉。

显然，有些来宾认为他们比我更了解如何教小狗游泳。在我意识到发生了什么事之前，我的宝贝狗狗已经悬在游泳池上方 1.5 米的空中了。有人抱起它，把它抛向空中，它四肢朝天，又大头朝下落在泳池中央。你可能觉得这没什么大不了的，毕竟查理是一只狗。没错，但它还是一只幼犬，一只非常怕水的幼犬，而它刚刚竟然被人直接扔进水里了。

我气急败坏，完全失去了理智。

我跳进游泳池游向查理，它正疯狂地扑腾想要露出水面，它呛水了。我火冒三丈，院子里的客人也都闻声转过头来。杰夫小心翼翼地向我靠近，想要安抚我的情绪，避免他的家人即将受到暴风骤雨的“洗礼”。但这不可能，因为我已经气炸了。我大喊道：“你疯了吗？为什么要做这么愚蠢的事？它不会游泳！你是要弄死我的狗吗？”

没错，当时后院里全是人。我还是一遍又一遍地喊着同样的话，大声咆哮着“派对结束了！”我指责了那个鲁莽的客人：“你可以出去了！”大家像得到特赦一样，急急忙忙地逃离我这样一个疯女人的房子。我不记得他们后来还有没有再来过我家，也许有一两次吧。但从那以后，但凡聚会我就把查理锁在我的卧室里，谁也不许碰它。

坏脾气会在我们最意想不到的时候突然发作。我是个成年人，我也没料到自己还会那么冲动，但确实有些事情会把我们最糟糕的一面激发出来。不幸的是，孩子也能体验到一些和我们一样的愤怒感觉，唯一的区别是他们真的控制不住情绪。当一个 2 岁孩子在便利店的 13 号购物通道中间以毁天灭地之势大发脾气时，他并不是想把你逼疯，而是不知道用什么方式来表达自己而已。

沟通对孩子们来说是件大事。他们学习新的单词、新的动作——新的一切——并把这些成果以令人难以置信的速度嵌入他们的世界。孩子们每天都能学到许多新的场景和声音。所以，当孩子在便利店的食品区处于歇斯底里的状态时，他的大脑很可能正在超高速运转。问题是，作为家长的你会怎么做？你会做何反应？或者说，你会回应他们的愤怒吗？

艾玛 18 个月大的时候，被诊断出患有感觉统合障碍（sensory integration disorder，SID）。有人听说过这种病症吗？反正在此之前我从来没听说过。我告诉儿科医生，她不需要编造虚假的疾病来让我对自己糟糕的育儿技巧感觉安慰。医生的诊断依据看似随意，就因为她发现当电影结束，诊室的电视屏幕出现雪花的时候，艾玛的情绪完全崩溃了。于是她问了我一系列关于艾玛的奇怪问题：

医生："她能一直好好地穿着衣服吗？"

我："不，她不喜欢穿衣服。"

医生："她平时喝酸奶吗？吃土豆泥吗？"

我："是的，她喝酸奶，但是不吃土豆泥。不过她会吃烤土豆。"

医生："当你递给她一个玩具或杯子时，她会交叉换手接过去吗？还是只会用离东西更近的手去接？"

我："只能用更近的手。"

她给了我一位行为专家的名字和电话，让我带艾玛去做进一步的检查。行为专家的结论是，艾玛确实存在感觉统合障碍。简单来说，她的大脑通路与我们不同，就好像她的两边大脑在互相攻击，拒绝合作。因此，艾玛对周围环境里的一切都极其敏感。身上的衣服让她不堪重负，所以她就脱了下来；袜子的褶边让她难受，所以她已经好几年不穿鞋袜了。

这对我来说很沮丧，对艾玛来说更是如此。有几年，她特别爱哭，她时不时地暴怒也总是让我心惊肉跳。

还记得那些没有孩子的邻居吗？他们喜欢到我家后院打发时间。因此很多时候他们能帮我不少忙。艾玛 2 岁的时候，开始经常性地大发脾气，当时埃利奥特只有 1 岁，伊森也才 3 岁。一个孩子的哭闹声往往足以调动起其他孩子的参与热情，有很多次，我都不得不抱着哭得七扭八歪的埃利奥特，跑去隔壁寻求帮助。

迈克先生总会把埃利奥特接过去，让我有机会喘口气再重返“家庭战场”——艾玛还在没完没了地大吼大叫，伊森则在沙发上噘着嘴生气。我只能在门厅里来回踱步大约 10 分钟，努力让自己平静下来。

有时候妈妈也需要休息。

老天保佑，艾玛终于长大了！但她并不是家里唯一一个“擅长”发脾气的人。埃利奥特也有一些专属于他的极端时刻。我也搞不懂他是从哪儿学来的这套“独门秘籍”，也许是遗传来的吧。尽管我不想承认是我这边的亲属把他们的坏脾气“赠送”给了我的宝贝，但显然我们身边的大多数人都这么认为。

就像我之前提到的，埃利奥特是我的“小食人鱼”，这一点他和我妈妈一样。虽然他后来不再咬人了，但这几年下来，他学会了把怒气发泄在东西上面。在他大约 12 岁的时候，有一天早上，我打算用吸尘器清理一下他的房间。孩子们的小脑袋里似乎被植入了制造混乱的基本技能模块，身为父母，我们总是要花很多工夫为子女收拾残局。

那天，我发现地板上散落着一堆奇怪的木屑。嗯，虽然杰夫很喜欢在家里做一些手工实验，但最近家里并没有什么装修项目需要他操心。即使杰夫使用了竖锯、钢锯或其他木工工具，也应该仅限于在车库里折腾，而不是在楼上我儿子的卧室里。于是我开始寻找真相。

我在埃利奥特的房间里整理出一大堆散乱的笔记本纸屑、被拆解的最新款玩具备件，还有过去两周穿过的所有脏衣服，但仍然没有找到木屑的来源。地板上也没有任何做过木工的痕迹。从找到的机器部件来看，他很可能在尝试制作一个机器人。据我所知，埃利奥特不会选择用木头来雕刻机器人。清理完地板上的大堆杂物后，我继续用吸尘器清理。

我应该解释一下，大部分时间埃利奥特都待在房间里，只不过有时候这是他的主动选择，有时候这是一种被动惩罚。他很喜欢他的房间，因为里面都是他喜欢的东西。当他自己选择回房间时，他是一个快乐的小天使。但当他被关在房间里不许出来时，房间就突然变成了地牢，似乎从天花板上掉下了锁链，地板上冒出了钉子，至少这是我能想到的最形象的比喻。埃利奥特讨厌被关进房间。除了他的自由意志被剥夺了，我也不明白为什么同一个房间在不同情形下会带来这么强烈的不同感受。

打扫完杂物后，我想起他的床单需要换了。拉开被子和被单时，我想我找到了木屑的真相。他的床边有一条将近 1 米长的口子，于是我跪下来，想看得更清楚些。埃利奥特的床是松木做的，床沿已经被他弄掉了一大块。我坐在那里，试图推测眼前的一切究竟出于什么原因，也很好奇他是怎么做到的。不过，恐怕只能等他放学回来才能得到答案。

说来也巧，那天下午埃利奥特的心情很糟，难以和家人心平气和地交流。所以我把他打发回自己的房间，免得他冲着其他人“大呼小叫”。大约 10 分钟后，我蹑手蹑脚地上楼，想看看他在“禁闭”期间都在房间里干些什么。我打开房门，发现他躺在床上，胳膊拄着地板，头歪在一边——这真的吓我一跳——正啃着床沿。开什么玩笑！我真的以为家里有白蚁！原来是我一直养了一只“小土拨鼠”！

在艾玛还是婴儿的时候，我就为她操了不少心，而伊森和埃利奥特则是把他们的搞怪之事都留到了小学后期。伊森喜欢离家出走。我们家里有一些规矩，有时这些规矩会阻碍孩子的社交日程。不过，伊森“离家出走”的有趣之处在于他总是在饿了或天黑的时候自己回家。

伊森是个聪明的孩子。事实上，他太聪明了，以至于在五年级的时候学校就开始让他感到厌烦了，家庭作业也使他恼火。他不明白为什么一定要做家庭作业，因为即使不做，他明明也可以在考试中取得好成绩。繁忙的学习任务使他快要发疯。在他的学校，如果有学生没能按时完成或上交作业，就会收到一张提示函，家长、学生和老师都要在表格上签字。一般来说，学生每学期应该收到不超过 3 张这样的提示函——超过 3 张就要面临留级。可是伊森竟然在五年级下学期收到了 39 张。我简直要发疯了。

更有意思的是，到了年底，他仍然在成绩光荣榜上名列前茅。

在五年级的家庭作业大战中，杰夫和我想方设法，努力在如何激发伊森的学习热情方面发挥创意。作为一个快到青春期的孩子，伊森体内的荷尔蒙足以对一个地区发动一场化学战争。据他自己说，那时他总感觉我们是他的敌人，因此，他要以任何可能的方式“击败”我们。他最喜欢的发泄方式之一就是“砰”地关上卧室门。而且，他的关门技术已经炉火纯青，每当他“砰”的一声摔上楼上的卧室门时，楼下墙上的照片都会“瑟瑟发抖”。我警告过他，这种行为在家里是不被允许的。

他告诉我，这些规矩根本管不了他。嗯，很好。既然他一点也不在乎，那我就完全可以用自己的办法搞定。正好杰夫出差了，所以第二天我送伊森上学之后，就请邻居来帮我的忙。迈克到我家里来，几乎不费吹灰之力就卸下了伊森卧室的门。我真的要说，这几位邻居都是极棒的人，即使让我亲自挑选最好的邻居，我也找不出比他们更理想的人选了。

为了安全起见，迈克把门带回自己家保管，然后回来取走了一箱子我认为伊森近期内不会需要的东西，比如他的 X-Box 游戏机、电视和 DVD 播放机，但我们决定留下他的电脑。迈克是个电脑天才，他帮我设置了一个只有我们两个人知道的密码。只把电脑留在伊森的房间里，对他来说无疑是一种缓慢而故意的折磨。

那天，伊森放学回到家，发现他房间里唯一能用的东西就是他的床。我告诉他，我没有生气，但他迫切需要学习一些愤怒管理技巧。在他学会如何控制自己的脾气，成为一个冷静平和的家庭成员之前，眼前的一切就是他的新待遇。他似乎不太生气——毕竟我给他留下了电脑。但当他试图开机时，他的情绪大坝终于决堤了。一个月后，他才重新获得使用电脑的特权。（是的，他花了一个月的时间，终于学会了控制情绪。）

显然，伊森的高智商仅仅表现在学习成绩上，因为他花了很长时间才停止试探父母给他设置的“电网强度和电压”。

虽然还是经常犯同样的错误，但伊森好歹在学校坚持上完了五年级和六年级。我说过，孩子们上的是教区学校，我每天都要送他们上学。在上学的日子里，想把伊森塞进车里，简直是一个堪比大卫·科波菲尔[①]（David Copperfield）或克里斯·安吉尔[②]（Criss Angel）魔术难度的大壮举。这孩子就是不想上学。不止一次，早晨我把他从房间里拉出来塞进汽车的时候，他身

① 1956 年 9 月 16 日出生于美国新泽西，俄罗斯犹太裔美国魔术师。

② 1967 年 12 月 19 日出生于美国纽约长岛，街头魔术师、音乐家、艺术家。

上还穿着睡衣。

他以为我不可能让他穿着睡衣去上学，但他错了。校长戈德史密斯先生（Mr. Goldsmith）每天早上都会站在排队入校的地方和每个学生打招呼。他知道学生们的名字，了解他们的家庭情况和背景。他非常熟悉我家这位小天才最近几年的“优异”战绩，甚至还知道我丈夫每周都要出差4~5天。所以，那天早上当我停下车，校长看到两个孩子从汽车上跳下来，而第三个却死活不肯下车的时候，他对此已经习以为常。我摇下副驾驶的车窗，告诉他我需要帮助。

校长爬上汽车，在后排座位上和伊森进行了一次面对面的交谈。直到今天，我都不知道戈德史密斯先生给我儿子说了什么至理名言。我只知道他上车5分钟以后，就带着我那任性的孩子下去了。我递给伊森一个装满衣服的袋子，让他准备好迎接新的一天。

在我的婚姻生活中，我亲爱的丈夫经常出差，这偶尔会给这几个顽皮的孩子带来一种有趣的撒野动力。毫无疑问，我不是一个羞于纠正孩子错误的人，但有时我的身体并不像拥有Y染色体的爸爸一样，对他们具有那么强的威慑力。

举个例子。伊森的七年级是艰难的一年。我敢打赌，大多数七年级男孩都过得很艰难。他们体内充满了荷尔蒙，连自己都不确定是不是真的长大了，唯一确定的是不想再让妈妈告诉他们应该做什么。他们的情绪总是写在脸上，尤其是愤怒的时候。一个星期天的早上，我们家就发生了这样的事情。

天刚蒙蒙亮，杰夫就动身去印度出差了，要两个半星期才能回来。你知道印度离美国得克萨斯有多远吗？听我说，那真的非常远。显然伊森也学过地理，因为杰夫一起飞，他就马上“长”出犄角，变成了一头小野兽。

这个星期天正好轮到伊森去教堂做助手（这是我们教区针对适龄男童提出的协助教民做礼拜的要求），但他决定不参加了。在和他争吵了将近 30 分钟之后，我决定放弃。我带着弟弟妹妹离开了家，没有带上伊森。

到达教堂时，我遇到了我的朋友麦考伊一家（McCoys），还给他们讲了伊森不来了的事情。大卫和莱斯利似乎总是在正确的时间出现在正确的地点。我们都戏称大卫“巨无霸”（Big Mac），因为他身高 1.8 米，体重 285 磅，结实得就像一座小山。他对伊森的行为很恼火，主要有两个原因：其一，伊森推卸了自己作为教民的责任。他既然已经报名当一名助手，就应该按时参加，做好这件事。其二，伊森对我的不尊重态度让人难以接受。作为他的母亲，当我告诉他我们要出发了，他作为孩子，就应该回答“我来了，妈妈”或者“好的”，但他并没有这么说。

“巨无霸”盯着我的脸问道：“我怎么能不按门铃就进到你家呢？”

我呆呆地看着他。他非常认真，正打算开车到我家，帮我把那叛逆的孩子拉到教堂来。

我把家门钥匙递给“巨无霸”，并祝他好运。但他向我保证，他用不着钥匙，而且很快就会带着伊森回来，还有足够的时间参加礼拜。于是我就带另外两个孩子去了主日学校[①]（Sunday school），找了个安静的地方和莱斯利坐在一起。

教堂离我家很近，而且家里装了监控摄像头。也就是说，我可以看到家里每个房间的情况。那天早上，莱斯利和我没有去我们自己的主日学校上课，而是通过屏幕看了一集现场真人秀版的《年轻人和叛逆的生活方式》（*Lifestyles of the Young and Defiant*）。我们看见“巨无霸”把车停在车道，然后进了屋。我家的狗狗看到他十分兴奋，丝毫没有看门狗的架势。

“巨无霸”爬上楼梯，穿过游戏室进入伊森的房间，完全没有被他发现。这时伊森在做什么？他正坐在书桌前，戴着耳机玩电子游戏。“巨无霸”站在他身后足足数了10~15秒才开口说话。虽然我们能看到发生了什么事，但听不见任何声音。当“巨无霸”突然出声时，伊森吓得跳起了1米多高。

这是无比珍贵的教训！

10分钟后，伊森穿好衣服出发，去履行自己的职责，并准备向母亲（我）道歉。一想到“巨无霸”训斥他的话，莱斯利和我都笑得不行。我在那一刻找了这么多乐子，是不是太不厚道了？也许是吧。但事情就是这样的，伊森还是孩子，而我

---

① 英、美诸国在星期日为在工厂做工的青少年进行宗教教育和识字教育的免费学校。

是他的家长。诚然，他不知道如何控制自己的情绪。对任何人来说，愤怒都是一种特别难以控制的情绪。蹒跚学步的孩子会发脾气，青少年会使劲摔门，成年人会使用攻击性的语言，有些人甚至还会诉诸暴力——大家不妨看看每日新闻里的各种案例吧。总之，愤怒是所有情绪中最难疏导的一种。

但我们必须学会管理愤怒。

有时候，我们需要愤怒来激励我们做得更好、更努力，甚至保护我们的安全。如果我们学会恰当地管理愤怒，它就可以转化为激情，但我们不能让它控制我们。大家可以这样看待愤怒，举例来说，当另一个孩子欺负了我们的孩子时，我们的第一反应是去找对方的家长，来为自己的孩子撑腰。这时，我们的防御能力直线上升，保护孩子的斗志异常强烈。因为愤怒，我们变得充满激情。

但是，如果我们进入一种“怒发冲冠”的状态，可以这么说，对方的父母一定也会表现出对抗的防御状态，这时的沟通必然不会顺畅。然而，如果我们把这种愤怒转化为积极的情绪，或者至少压制住坏脾气，先了解所有真实情况，那么我们就有机会找到问题的根源。否则，气愤只会火上浇油。

从理论上来说，“愤怒管理”是个很棒的计划，但执行起来却异常困难。养育子女是残酷的——尽管很有回报——但依然是残酷的。我们必须先学会控制自己的情绪，然后才能教我们的孩子如何控制自己的情绪。我们能做到吗？能做到的。我们会在未来某些日子里惨败吗？也绝对会的。但如果你能像我一样控制好愤怒，哪怕有时失败了，也将是一种非凡的体验。

总之，不要放弃！不要灰心！总有一天，你会带着叹息和微笑回顾这些日子，庆幸自己坚持过来了，甚至有机会向别人“炫耀”你的故事。

11

摇摆哑铃、唇线笔和油漆罐

当孩子们还都是婴儿的时候，我辞去了教会的工作，以便有更多的时间来抚养他们。正如之前提到的，我喜欢把一切都安排好，并确切地预知下一步会发生什么，选择全职在家照顾孩子也不例外。但生活并不总是按照我们的计划进行。随着孩子们长大，我也需要重新开始工作，因为杰夫的职业生涯陷入瓶颈期，而我们需要更多的收入来支撑家庭开销。

几年后的 4 月，杰夫成立了一家新公司，业务蓬勃发展，于是我决定休息一下。我提前两周通知了我的老板，迫切地表示想离职一段时间。

我想重新开始写作，还要回到健身房锻炼。休斯敦的夏天总是急匆匆地到来，为可怕的泳装季节做准备永远不会太早。但在离职将近一个月后，我仍然没有去健身房，一次也没有。我甚至连一个小时的空闲时间都没有。

几周前，当我下班回家发现家里有装修工人时，麻烦就开始了。我很惊讶，尽管现在回想起来，我真的不必那么吃惊。杰夫跟我提过，他想对房子——首先是楼上浴室的地板，做一些小改造。楼上的两间浴室都是半地毯半瓷砖的地面，我不知道是谁想出了这么奇葩的设计。我们买房子的时候，它已经这样建好了，而且我们搬进来的时候，还带着一个两周大的新生儿。显然，那不是改造房子的好时机！

鉴于我已经很多年没有怀孕了，所以杰夫万分肯定，现在就是把旧地板拆掉、重新做地面的理想时机。我们还讨论过更换楼上的地毯。这是铺了13年的建筑级地毯，历经了三个孩子、无数瓶子和吸管杯、无数难擦除零食的摧残，更不用说我妹妹和我们一起住时留下的染发剂污渍了。确实是时候让家里改头换面一下了。

更重要的是，我们觉得之前没有充分挖掘这栋房子的潜力。楼上有四间卧室、两间浴室和一间大游戏室（主卧室在楼下）。我们现在只使用了两间卧室、一间浴室和一间游戏室——那是唯一一个足够容纳下无数乐高玩具的房间。

我的“工作室”在楼上，朝向房子的后面。杰夫认为把我放在那里更合适，因为我在一些人眼中是天才，而在另一些人眼中则是灾难。有一段时间，两个儿子住在不同的卧室，但后来我妹妹搬了进来，于是两个男孩子就住到了一起。艾玛一直都有自己的房间。

我们需要对整栋房子的布局做一些调整，杰夫和我一致认为需要进一步研究这项重大的决定。无论如何，我都没有准备好去推进一个充其量只是半吊子的计划。因此，在4月的一天，距离我离职前不到一周的时候，我对自己即将接手的混乱局面还毫无准备。

当我在房子里走动时，发现空气中似乎悬浮着一层薄薄的灰尘。这很奇怪，因为那天早上我离开家的时候，空气还是很清新的。这不是普通的灰尘，不，肯定不寻常。这是一种极其特殊的灰尘，它们不仅悬浮在空气中，而且优雅地落在甚至连我们都不知道的裂痕、角落和缝隙中。

我终于意识到，我亲爱的丈夫在没有和我商量妥当的情况下就开始了改造工程。这当然属于“无脑丈夫激怒妻子的101件事”（101 Things Brainless Men Do to Aggravate Their Wives）中的一大罪状。我拼命地压制情绪，平时这个方法大都会奏效，能阻止我将脑海中闪过的第一句话脱口而出，但今天我真没办法控制自己。我火冒三丈、七窍生烟，直奔杰夫走去：“你到底干了什么？”

“什么？我们商量过这个，记得吗？”然后他带我去看楼上浴室里铺的新瓷砖，丝毫不明白我为什么会如此心烦意乱。

各位，这些灰尘——也就是被磨碎的旧瓷砖的残余物——飘得到处都是。全家没有哪一处得以幸免。在这间正经历浴火重生的浴室里，亚麻壁橱里的东西全都没有挪出去。本来干干净净的床单、浴巾、毛巾、抹布现在都落灰了。不管是谁，只要是第一个想用毛巾擦干身体的人，都会获赠一层很均匀的泥膜护理。

还记得楼上我的工作室吗？那个房间的壁橱里放着记录家庭重要时刻的剪贴簿。三个孩子的婴儿读物、所有家庭相册，还有无数没来得及放进相册的照片——对，每一张——现在都蒙上了灰尘，而且是又厚又脏的灰尘。杰夫仍然对我的愤怒毫无知觉。不过没关系。我深吸一口气，打算先专心做完我最后一周的工作。

房子的事儿只能先撂在一边。

婚姻是一个不断学习的过程，把结婚戒指戴在无名指上并不是终点。我们不该只顾着在场上扣杀对方，而是要选择一起在球门区翩翩起舞。婚姻的意义在于，两个原本截然不同的人试图在不伤害对方或孩子的情况下生活在同一个屋檐下。夫妻俩在孩子们面前互相攻击、辱骂、吵闹并不是生活的最优解。

我回想起杰夫和我约会然后订婚的时光。那时我从不会和他意见相左，因为我担心这会让我们产生隔阂。我总是尽力为他着想，我希望他对自己的选择感到满意。我们跑去毛伊岛（Maui）结婚，我不得不承认，直到我们在海滩落日的见证下举行仪式之前，我都在担心他会突然举棋不定，甚至改变主意。总之，我心里想到的最糟糕的结果就是我一个人站在离家很远的海滩上，杰夫却没有成为我的丈夫。

当然，这些担心纯属多余。

多年来，我认识的很多人已经忘记了和爱人约会时的甜蜜。对他们来说，婚姻就是恋爱的终点，而不是激动人心的美妙生活的开始。

那时杰夫和我已经结婚十多年了，我们仍然过得十分甜蜜。即便如此，也有些日子我不想在睡前和他来一次“亲密接触”（我能用一句“睡吧！阿门”来打发杰夫吗？），而且随着时间的推移，我也不再想着刮腿毛了。但是，如果这样“放飞”自我太多次或太长时间，其带来的危害远超过休息一天带来的轻松感。

如今，在年轻夫妇中流传着这样一句话：只要结婚了，你就可以不修边幅、无所顾忌——确实如此！姑娘们，我要负责任地告诉你们，和爱人在一起太舒服了，以至于你会忘了展示自己最好的一面，变得一点也不性感、一点也不吸引人。先生们，这也适用于你们。“我要放屁了”（Pull my finger，美式俚语）的玩笑，并不会让五年级的女生感到有趣，作为一个已婚男人，更是对爱人彻头彻尾的不尊重。

改善自我最简单的“目标”就是保持好体态。正如之前说的，我本打算辞职后去健身房锻炼身体。我可能需要在这里加上一点注释，其实我讨厌锻炼。真的，我一点儿都不爱去，也无法理解那些喜欢“找虐”的疯子。

我想锻炼是因为它对我有好处，能够让我拥有强健的体魄，好跟上那三个精力充沛的孩子们。我喜欢飞起一脚，把孩子们的足球踢到 2 米开外的感觉；也喜欢抱起孩子，把他们扔进游泳池的感觉。锻炼的好处远多于烦恼。可话虽如此，我还是在不断寻找新的方法，让自己用最少的努力得到锻炼。

这让我想到了摇摆哑铃。

有一天看电视的时候，一则广告介绍了这款最新最好用的家庭健身器材：一种神奇的手臂健身装置。只需摇动这个东西——摇摆哑铃的名字由此而来——其内部自由流动的重物就会以每分钟 200 次以上的速度来回移动。只需 6 分钟，就可以跟手臂赘肉说拜拜了！再也不用把双臂藏在衬衫或针织衫里了，再也不用了，女士！有了这个神奇的装备，就可以在夏天保持健康和苗条！

然后广告展示了一些拥有漂亮手臂和肩膀线条的女人。你们相信吗？嗯，我信了——就这么简单，抓握、伸直，再上下摇晃。从广告中摇摆哑铃的外观来看，里面自由浮动的重物不知何故就会自己移动。呃，好吧，我说错了。你必须用力摇动它才行。完美。是的，朋友们，累得我头都要炸了。另外，这个东西很重——毕竟它的名字告诉我们，它是个“哑铃”。我买了，也试过了，而且发现，当我把一个 8 磅重的哑铃举在胸前，试图用一只手摇晃它时，6 分钟简直比一辈子还漫长。真让人失望。现在这个摇摆哑铃已经成为家里的一个超级时尚的新款门挡。

天无绝人之路，后来我找到了另一种手臂塑形的方法——粉刷房子。继拆除浴室之后，杰夫的另一个奇思妙想导致了另一个直接结果，那就是我们需要重新分配楼上的空间。我们把孩子们叫到一起，告诉他们我们要把我的工作室搬到楼下，这样他们都会拥有新的房间。万岁！

二楼的布局很适合我们家。来吧，我带大家上楼参观一圈。上到二楼之后，楼梯右侧是一间男孩们共用的卧室，正前方是艾玛的房间。楼梯旁边还有一个不大的平台区域，有点像读书角。这个小空间可以兼作一个无所不包的地方。我特意在这里放了一个书架，旁边大概 1 米处有一张电脑桌。现在桌上胡乱扔着许多乐高杂志、美国女孩杂志和《朱尼·琼斯》[①]（*Junie B. Jones*）系列书，这些书堆得乱七八糟，反正就是没人把它们摆进书架。

读书角左边是一间浴室，再往左一点是通往游戏室的台阶。穿过游戏室就来到一条走廊。右手边是我的工作室，左边是我妹妹离开后空出来的房间，一间临时的客房。（在她搬回加利福尼亚之前，她把所有卧室家具都留给了我们，这对我们来说很有用。不过，这也是因为她的紧凑型本田轿车根本装不下一套完整的卧室家具。）这两个房间中间是一间亲子浴室。我们觉得房子这一面的利用率并不理想。

为了改善这个问题，我们决定重新粉刷墙壁。这听起来很简单，对吧？其实不然。想刷墙就必须先把家具搬走。能搬到哪里呢？当然是游戏室了。

杰夫和我想着，我们俩一起把这件事做成，肯定十分有趣（哈！我太天真了）。整个 5 月，孩子们都要上学，所以没有机会伸出小小的“援助之手”。但我们俩可以迅速高效地在各个房间里忙活，甚至用不了一个星期的时间，就能把这个工程做完。很明显，我幼稚的想法可能是因为油漆中毒了。当杰夫说

---

① 来自美国兰登书屋的一套初级章节书，是《纽约时报》畅销系列童书榜的常客，累计销量已经超过 6000 万册。

“我们俩”的时候，我以为这意味着并肩战斗，你帮我，我帮你，两个人一起——在同一个房间里努力——我们就能完成这件事。我真是个傻女人。

因为他说的“我们”和“一起”只意味着在工程期间我们还将继续住在同一所房子里。

真是无语。

所以只有一半的“我们”（大家也可以直接在心里把“我们”理解为“我”）来挪动家具；只有一半的“我们”把书都收拾好，搬到阁楼上；还是只有一半的“我们”给墙壁刷上了底漆和油漆。艾玛要从她那间满墙都涂着爱心熊的卧室搬出来，搬进她哥哥原来的房间。毫无疑问，一想到这一点，她就兴奋不已。要是非说有什么困难嘛，也就是她的旧房间现在要变成新的客房，而墙上的爱心熊——虽然很可爱，令人想抱抱——看起来却不太符合成人客房所需要的素雅之感。

所以，我们不得不把这些熊用新的油漆盖住。我几年前在艾玛房间的墙上画上了这些爱心熊造型。我和妹妹把颜料调好，让每只熊（晚安熊、好运熊、活力熊等）的颜色都恰到好处，又煞费苦心地把这些熊画在每面墙上。现在它们的使命结束了，我有点想哭。说实话，我确实哭了。

但真正让我恼火的是，需要涂两层底漆才能盖住那些顽固的颜色！我上上下下，前前后后地刷了两遍。这样一来，谁还需要摇摆哑铃？爱心熊被底漆覆盖之后，白色的斑点与淡奶黄色的墙壁形成了鲜明的对比。等我再往上刷彩色油漆的时候，才能把它们彻底盖住。接下来，我又走进艾玛的新房间，迎接我的是一幅3米高、2.5米宽的大树壁画，就在这个之前的男孩卧室的墙上。

我再一次给这个房间刷了两层底漆，作为“额外福利”，我得把天花板也刷了，因为大树的树冠向上伸展，超过了天花板一半。我开始思考，如果想用油漆罐和油漆滚刷作为唯一武器暴揍一个人的话（确切地说是我丈夫，我没点他的名字只是为了体面一点），有没有最可行的“十大方法”。每次在梯子上爬上爬下，我都觉得这应该是我们两个人的工作，分明是我们可以一起做的事情。仅仅是住在同一所房子里并不算在一起！于是，不可避免地，我一直在走神……

如果我用满满一罐油漆砸在杰夫身上，他会明白我不喜欢油漆工这个新角色吗？大概率不会。他可能会以为我只是手滑，嗯，我只是手滑了。还有一个办法。油漆很滑，如果我把它倒在车库的地板上，而他碰巧滑倒了——不，还是算了吧。如果我把油漆倒在车库的地板上……最后还得我自己收拾。

我爬上梯子，拖着滚刷，调整身体平衡，脚下用力不让自己被梯子绊住，每次重复这些动作，我都忍不住“口吐芬芳”。当你读到这里，可能会觉得这一刻一定是我的崩溃点。不，现在还不是。

我的崩溃点在两天后才到来。我刚刚收拾好艾玛的新房间——从地板到天花板都粉饰一新。大树壁画不见了。我终于做完了这些事情！

作为母亲，我们很少能在一天的时间内完成任何事情。例如，脏衣服是永远都洗不完的。老实说，我甚至不知道脏衣篮的底部是什么样子——我想我从来没有见过它空着的时候。至于厨房，有真正干净的时候吗？我想不出来。实际上，一旦家里人吃完一顿饭，就要开始准备下一顿了，或者至少，总有人还想吃点甜品。

在杰夫偶尔的监督下，我渐渐接受了房间改造任务从“我们”落到“我”头上的事实（他一直在忍受乒乒乓乓的噪声和絮絮叨叨的抱怨，这些声音从楼梯上传下来，钻进他的书房）。我一直因为放弃摇摆哑铃而感到内疚，健身房也一直在给我邮寄“我们期待你的加入”的温馨小卡片，但是全屋刷漆和搬动家具对我来说很有健身成效。

收拾好东西后，我又来到艾玛的旧房间，很快这里就会焕然一新，成为一间客房。我把油漆倒进托盘里，调动手臂和肩膀的力量，开始粉刷这个房间。没过多久，我就找到了自己的节奏：蘸、滴、滚。

这时杰夫进来了。

他看出了我的进步，夸奖道：“哇！你刷得越来越好了。而且，这是个不错的锻炼项目，是不是？”

我同意他关于锻炼的说法，但我对他这么说的动机持怀疑态度。他在笑什么？（思考的同时我的手并没有停下来，蘸、滴、滚。）

“等我们把所有东西都搬回来，楼上就好看了，你说呢？”他一边摆弄着我的油漆托盘边缘，一边问我。

“嗯。”（继续蘸、滴、滚。）

他清了清嗓子。“嘿，我在考虑给这楼上装上新窗户。你知道的，这已经破烂不堪了。你觉得怎么样？”

我停了下来。我觉得怎么样？我的大脑很难消化他说的最后一句话。新窗户？

我的天哪！

让我仔细描述一下我当时的反应：我几乎是翻滚着从梯子上下来，至少我自己是这么感觉的。要安装新窗户的话，就意味着家里还要鸡飞狗跳两到三周的时间。我把油漆滚刷放进托盘里，坐在地板上，背靠着刚刷过漆的墙壁，大哭起来。相信我，眼泪之于男人就像氪石[①]（Kryptonite）之于超人（Superman）。我那冷静、自信、从不语塞的丈夫跪在地板上，呆呆地看着我，震惊得说不出话来。他怎么也弄不明白我为什么会如此难过。

……※……

还记得我说过的吗，即使在结婚之后，我们也要把最好的一面展现出来。对，在结婚之后，更该如此。

重新装修房子也是一样的道理。我喜欢这栋房子，它很适

① 氪石是《超人》系列中的一种假想矿物，它在长久以来都被设定为超人众所周知的弱点之一，但是在特定条件下超人也能免疫氪石伤害。

合我们家，但它的外观和居住感受确实都很破旧。而杰夫，就像我对摇摆哑铃的态度一样只有“三分钟热度”，对装修工程轻描淡写地指手画脚之后就不管了（这导致增加的工作全落在了我身上）。

生孩子和抚养孩子会让人筋疲力尽。身为母亲，我们也会有疲惫不堪的感觉，同样也有像地毯一样的高磨损区域。对我来说，我的高磨损区域就是有可能永远贴在我肚皮上的赘肉——除非我寻求天才外科医生的帮助才能去除它们。各位，在 26 个月内生三个孩子会让你的皮肤过度拉伸，不管是看起来还是摸起来都和厨房门口的地毯一样，粗糙变形！

对此我真的无能为力。仰卧起坐是魔鬼的杰作，健身房里的背肌伸展训练椅堪称“刑具”，但女人们却痴迷于用它来拯救自己松垮的皮肤。我也仍然在努力。我相信必须尽我所能让我的身体处于良好的工作状态，这样我才能继续前进，而且这样做也是为了我的丈夫。我希望他仍然能够依稀看见他许多年前爱上的那个女人。即使她现在忙着带不同的孩子去不同的地方，他也应该透过口水巾、尿布瞥见她青春靓丽的模样。

我留长发已经好多年了。不管我换了什么发型，最后似乎还是会留回长发。选择这种发型并不是因为我留长发更好看，而是因为长发很容易打理。没时间吹头发做造型的时候，找个发夹或橡皮筋随便一挽就会创造奇迹。尽管如此，我还是会时不时地剪头发。可怜的发型师讨厌我这种想法，她总是仔细地剪掉大约 20 厘米的金发，然后打造出一个超级可爱、充满活力的发型。

虽然我无法保持她给我设计的发型风格，但只要我坐在她的椅子上时，我的发型就看起来很棒！杰夫第一次见到刚剪完头发的我时特别兴奋，并不是因为我剪短了头发而激动，而是因为他喜欢这种又短又时髦的发型。

每天打理短发比打理长发要痛苦十倍，因为短发需要一系列产品来定型。

但你知道当我把头发打理好的时候感觉多舒服吗？首先，这意味着那天我可能刚洗了个澡，这似乎是一个不错的开始。当孩子们还是婴儿的时候，我很难完成那些看似稀松平常的日常任务，尽管在我看来这些任务曾经是司空见惯的，比如在中午之前刷牙、洗澡，或是换好衣服。自从杰夫和我有了这几个孩子以后，我就必须对那些日常任务进行紧锣密鼓的安排。

我想鼓励读者做些出格的事，比如挑战自己，哪怕宝宝哭闹了，也打定主意要去冲个澡，顺便刮掉腿毛。不管是把孩子放在婴儿床里待一会儿，还是带着他一起去浴室，反正今天的底线是必须洗个澡。然后化上一点妆，吹干头发，穿好衣服。你不需要穿得非常漂亮，但是只要脱掉睡衣，你的大脑就会产生神奇的变化。你丈夫回家时甚至会认为自己开错了门！

关于日常习惯，我已经挑了妈妈们的毛病，但这里也有一个给爸爸们的小贴士，因为我不提醒的话，男士们也会像摇摆哑铃一样自欺欺人！你们看过最近的电视情景喜剧吗？那简直不要太双标。我的意思是，前几个章节已经讨论过，在怀孕的方式上，电视和电影就欺骗过我们——为什么在养育孩子和经营婚姻的过程中对男性和女性也要区别对待？

我能想到几部不同的电视剧，总把妻子或母亲塑造成苗条、聪明、迷人的形象。但丈夫或父亲呢？通常是十足的大笨蛋。他们往往又矮又胖，头脑不够灵活，难以顶门立户，还是一个邋遢大王。但大多数男人每天都无须纠结于要不要洗澡这件事，这可能是因为他们每天都要爬起来去上班。想想看——如果一个男人不洗澡或不穿戴整齐就去办公室，会发生什么？他很可能会被解雇。

丈夫和妻子之间在意的其他方面在男女朋友之间根本不存在。以浴室礼仪为例，几个月前，我在《世界》（*Cosmo*）杂志上读到一篇文章，它讲的是千万不要让丈夫看到的那些行为。排名前十的那些行为大多数我都不记得了，但有一个让我印象深刻，那就是：永远不要让丈夫看到你刷牙的样子。虽然刷牙确实谈不上优雅，但却是在浴室的洗漱过程中非常必要的一部分。

朋友们，注意了。如果连看到妻子刷牙都是禁区，那丈夫们在浴室里耍的花招又怎么说呢？我们确实需要为某些行为设定尊重和健康的界限，比如第一条就是，随手关上浴室的门。尽管丈夫被认为是一家之主，但看到他坐在马桶上时，我们不会兴奋得想尖叫：“我要你！和我在一起吧！”绅士们，请尊重你妻子的感受，照顾她的嗅觉。

我知道，受到地理位置和经济条件的限制，并不是每个人都有能力选择去健身房，但健身房也并不是我们进行锻炼的唯一途径。比如你的宝宝，可能他们给你的身心带来了巨大的负担，但除了可爱和让人想抱抱的特点，他们还是真正实用并且经过重量认证的“哑铃”。你可以平躺着，把宝宝举过头顶，然后再把他们放回肚子上。孩子会以为你在和他玩，同时你的手臂也得到了很好的锻炼。

你也可以把孩子放在婴儿车里，晚上和丈夫一起在附近散步。这是一个双重奖励，你们俩既能得到一些锻炼，又增加了高质量的交流时间，因为小家伙正忙着欣赏周围的景色。

结婚生子就像重新装修房子一样。家里很吵闹，有时很混乱，还总有些事情需要你时时关注。

……※……

现在说回我家的改造工程吧。我不得不强忍住眼泪，向丈夫保证我真的没有发疯，但很可能离发疯也并不远了。我深吸一口气，提醒自己，我不是在和一个重度低能儿说话，甚至不是在和故意想惹我难过的人说话。我是在和我的丈夫说话，他爱我，真心希望我过得幸福。但在这种时候，我们往往会说出违心的话语。

我同意安装新窗户，我也同意换新地毯。杰夫也答应帮我一起把房子重新装修好，因为现在我们家的二楼看起来就像在为电视节目《囤积者》[1]（*Hoarders*）搭建布景，我们必须越过一大堆东西，才能从房间的一边走到另一边。

在楼上安装窗户的过程中几乎没有发生什么意外，孩子们也适应了他们的新房间，而杰夫和我都明白了一点：小小的交流会带来大大的好处。

① 美国一档电视真人秀节目，会采访拍摄囤积障碍强迫症的人，帮助他们在生活中的与自己的储物癖作战和接受治疗。

12

摔跤比赛

几年前的新年假期，我们开着纳尔逊，去附近的一个州立公园游玩和探险，享受得克萨斯州式的休闲生活。简而言之，我们去露营了。我们的一个好朋友也想带着家人一起去，所以两家人都沿着45号州际公路往目的地开。得克萨斯州东南部的冬天气候温和，大部分时间都很宜人，而且这里的夏天也不太炎热。和美国其他地方的冬天不太一样，得克萨斯州直到2月份才会遭受严寒的袭击，即便如此，寒冷的天气也只会持续一两个星期。

和我们一起去的麦考伊一家有2个女儿，年龄和我的孩子们相仿，当时他们仨分别是7岁、8岁和9岁。两家各开了一辆露营车，每个人又带了一辆自行车，以及便于围坐在篝火旁的椅子。多亏了大卫（“巨无霸”）提供的新款圣诞iPod，我们才有了听不完的旧时代乡村音乐和西部音乐。我们打算在这里度过愉快的4天。

利文斯顿湖州立公园（Lake Livingston State Park）非常漂亮。我相信，在这个国家里，没有哪个地方的松树能长得像东得克萨斯那样茂盛、高大又粗壮。在公园里，四处都有景色优美的步道和自行车道。

我很小就学会了骑自行车。但是，我已经有太多年没有尝试过这种两轮交通工具了，所以，当孩子们像极限自行车手一样兴奋地穿梭在松树和岩石之间、在路石上跳来跳去时，我心里害怕极了。麦考伊夫妇骑自行车比我好得多。

几天之后的一个下午，孩子们又想去骑自行车兜风。从伊森写满淘气的大眼睛里，我看得出他正摩拳擦掌想要秀出一些大胆的特技，所以我打算让爸爸亲自陪孩子们出去。

但我亲爱的丈夫却不这么想。他伸手搂过我，对麦考伊夫妇喊道："嘿，你们介意帮我们带一会儿孩子吗？"杰夫笑得合不拢嘴，看上去就像《爱丽丝梦游仙境》（*Alice in Wonderland*）里的柴郡猫[①]（Cheshire Cat）。他向"巨无霸"使了一个男人之间心照不宣的眼色，正好被艾玛看到了。

就好像在女人面前进行"隐私交流"还不够糟糕似的，艾玛看看爸爸和我，然后转向麦考伊夫妇说："哦，他们可能是要去摔跤，他们经常摔跤。"

"巨无霸"和莱斯利差点从自行车上摔下来。

老实说，如果不是杰夫扶着我，我可能会蹲到地上，找个最近的地缝钻进去。"巨无霸"笑得震天响，莱斯利则满脸通

① 《爱丽丝梦游仙境》中的虚构角色，形象是一只咧着嘴笑的猫，拥有能凭空出现或消失的能力，甚至在它消失以后，它的笑容还挂在半空中。

红。“巨无霸”追问道：“那么，艾玛，你看到妈妈和爸爸摔跤了，是吗？”

“是的。”

“那谁赢了？”

艾玛天真地微笑着骑自行车绕了一圈，还不知道她给妈妈带来了多大的尴尬，也不知道她给爸爸带来了多大的满足。“嗯，妈妈赢了。一直都是。”

救命。

好吧，这就引出了一个新话题，也是有孩子的已婚夫妇生活中一个非常复杂又至关重要的部分——夫妻之间的亲密接触。

有孩子的生活很艰难。让我们面对现实吧，当你被孩子吐了一身口水或呕吐物（的确，这两者是不一样的）；洗了 27 次衣服后脏衣篮仍然没有见底；或是做了三顿正餐和无数零食之后，你可能并不想和爱人在沙发上开启一段美好时光，原因大概有这么几个。第一，你已经筋疲力尽了，而做爱需要再消耗一些能量。第二，“婴儿呕吐 5 号”显然不是市面上最迷人的香水，所以你身上的味道可能毫无一丝丝性感可言。

不久前，我的邮箱里收到过一封电子邮件，就谈及了这种夫妻困境。请允许我转述一下：

> 做家务通常被视为女性的职责，但一天晚上，弗兰（Fran）下班回到家，发现孩子们已经洗过澡了，洗衣机里正洗着一堆衣服，烘干机也在运转，里面还有另一堆衣

服。晚饭也已经做好，香味扑鼻，就连餐桌也摆好了。弗兰十分惊讶！

原来，弗兰的丈夫弗雷德（Fred）刚读到一篇文章，说那些全职上班、回家还要做家务的妻子太辛苦了，她们累到不愿意做爱。

那天晚上夫妻二人相处得很愉快，第二天她把这件事告诉了办公室的朋友们：

“我们吃了一顿丰盛的晚餐，弗雷德甚至打扫了厨房。他还帮孩子们辅导作业，把所有洗净的衣服叠好，收好。我觉得既轻松又愉快。”

“那后来呢？”她的朋友们都迫切地想知道接下来发生的事情。

弗兰咯咯笑着说：“嗯，那个，弗雷德太累了，我们什么也没做。”

尽管笑吧，但这都是真的。在上一章中，我谈到了保持身体健康的必要性。现在我想谈谈在孩子们出生后保持正常性欲的极端重要性。在大多数关系开始的时候，我们不会坐下来罗列出各自需要承担的工作或扮演的角色。为了保持新鲜感，你完全可以在丈夫来找你之前就主动出击。

婚姻和育儿的路上有许多绊脚石，让夫妻关系面临巨大的考验。比如孩子，就是亲密行为的头号“障碍”。我不是要对你提出什么限制级的要求，但我们会谈到一些让人不太舒服的事情。

连我自己都很惊讶，杰夫和我能在这么短的时间内生下这么多孩子。只要我把一个孩子哄睡着，就得马上去哄下一个。可以说，一整天我都不闲着。我总是抱着一个四肢乱蹬的孩子，要么是因为时间到了得给他喂奶，要么是我肚子里又怀了一个，反正不管什么时候，不管碰我哪里都可能让我呕吐。

当杰夫回到家，试图表现得轻松、有爱，或者想要得到回应时，问题往往出在我身上。我不想让别人碰我，因为我的身体已经不属于自己了。我是一个恒温奶站或是一头奶牛，也可以说是一个母乳自动分配器。每当我们两个人都难得心情不错时，我的身体就会出现另一个问题。你知道吗，刺激母亲分泌乳汁的荷尔蒙和做爱时分泌的荷尔蒙是一样的。这听起来有点奇怪，但是千真万确。

在乳汁产量能够自动适配自己孩子的食量之前，许多哺乳妈妈可以养活半条街的孩子，但达到平衡的过程可能需要很长很长时间。所以每当杰夫想“摔跤”时，他往往会得到比预想的更多的东西。在很长一段时间里，我能想到的只有杂志上的牛奶广告词："要牛奶吗？"好了，好了，我有的是奶！

男人和女人对性的反应不同。已故作家兼演说家加里·斯莫利（Gary Smalley）曾把女人比作炖煮锅，把男人比作微波炉。没有比这更贴切的比喻了。姑娘们，我身上可没有什么神奇的开关，炖煮锅需要一段时间的加热才能沸腾，而微波炉则能瞬间就进入状态。

只要一提到性，大多数男人马上就会兴奋不已、跃跃欲试。对于女性来说，我们的反应并非总是如此神速。我们没办法一下子就热情似火，尤其是在抱了一天孩子、喂了一天奶、换了一天尿布之后。我们需要时间来激活欲望，不过，当我们试图克服种种小障碍时，最缺少的往往就是时间。我已经说了不止一遍，在养育孩子的过程中必须保持清醒、深思熟虑。我们必须这样做，没有讨价还价的余地。

当涉及与伴侣的关系时，也必须格外慎重和理性，否则就很容易在日常生活的鸡毛蒜皮中迷失自我，从而忽略了彼此的爱意与需求。

请不要让这种事发生在你的婚姻里。

我的祖父母给我留下了特别美好的回忆。现在他们都不在了，但小时候，我有很长一段时间都和他们生活在一起。在这个世界上，我最喜爱的地方就是他们家。奶奶和爷爷婚后在一起生活了 50 多年，直到离世。

我对他们俩印象最深的记忆之一是在阵亡将士纪念日[①]（Memorial Day）那天去布坎南湖（Lake Buchanan）游玩的事情。每年，我们全家（这里指的是我结婚前的娘家全家——爷爷奶奶、叔叔婶婶、爸爸妈妈，还有我的堂兄弟、妹妹们和我）都会从奥斯汀开车往北走，大约一个半小时就能到达湖边。湖边有许多供游客居住的小木屋，我们租下其中的两套

① 美国假日，通常为五月的最后一个星期一，纪念在美国南北战争的战火中牺牲的将士。

（大概就是那种复式公寓），每套有一间卧室，卧室里各有两张双人床，还有一个浴室和一个小厨房。时髦的叔叔婶婶，还有爷爷奶奶的八个孙子孙女，住在其中一套小木屋里，其他大人则住在另一套里。

我记得有一天早上，我走进大人们住的小木屋，看到爷爷奶奶还睡在床上。他们依偎在一起，第一眼看去，我以为只有一个人躺在那里。这就是他们在一起生活养成的习惯。不管做什么，他们俩总是要么一起干，要么不干。当时爷爷奶奶已经60多岁了，但仍然像新婚夫妇那样深情而热烈地爱恋着对方。

从我看到他们在床上相拥而眠的那一刻起，我就知道我想要的婚姻也是这个样子的，除了这样的标准，我不会将就的。爷爷奶奶在20世纪40年代步入婚姻，他们见证了战争、经历了贫困，还有许多子女要养活，家里的收入总是捉襟见肘。然而他们对彼此的爱意和渴望依然十分强烈，因为他们是彼此一生中慎之又慎的选择。爷爷奶奶都是固执己见、意志坚强的德国人，从这一点来看，固执似乎并没有什么坏处！

我把这段记忆以及和他们在一起的这些年里收集到的所有其他记忆，都带入了我和杰夫的婚姻。我知道，只有不懈追寻幸福，才会变成幸福的样子。婚姻是艰难的，自从有了孩子，可以说是难上加难，唯一能够幸福的方法，就是我们愿意坚守初心，为家人而奋斗。

要怎么做呢？

不管你接不接受我的观点，家庭生活的重心的确不应该是孩子。我不知道这句话惹恼了多少人，但实际上，你和你的丈夫才应该是彼此眼中的第一。我并不是在以任何方式或形式让你忽略孩子，而是在告诉你要厘清对所有人的重视程度。尽管杰夫那样可爱和迷人，但仍有很多次和他在一起的时候，我想拿一些又硬又重的东西砸他（比如油漆罐），我相信他对我也有过这样的感受。不过，正是这种激情、勇气、纯粹和决心，让我们根本离不开对方。

最终，我们的孩子（也包括所有人的孩子）都会长大并离开家，这才是养育孩子的正确目标。我们疼爱子女，教导他们，但最后，他们终归要离开我们。孩子们有了自己的生活之后，剩下的将是一栋空房子和一对老夫妻。到那时，最现实的问题是：这对夫妻还在意和熟悉对方吗？如果我们在过去的 20 年里一直把孩子放在家庭首位，让亲子关系凌驾于夫妻关系之上的话，那么这个问题的答案一定是否定的，因为你已经不会与伴侣相处了。

我们不能让这种情况发生。

如今，人们通常非常喜欢全家式大床，也就是说，大多家庭采用婴幼儿与父母睡在同一张床上的做法。这是一个陷阱！这种所谓的全家式大床将很快把“全家”变成“孩子和妈妈”，而可怜的爸爸则被打包送到闲置的儿童房。

在我们家，孩子们的卧室都在楼上，我和杰夫的主卧则在楼下的客厅后面。简而言之，我们的卧室离孩子们很远。现在他们长大了，这并不算什么大不了的事情，但当他们还是新生儿和小宝宝的时候，我们也只是在房间里放上一个摇床，这样新生儿在最初几周就可以挨着我睡。这是一个很实用的方法，因为他们每隔几个小时就会醒一次。而且，安抚一个哭闹的婴儿本身就很困难了，如果让这个孩子的哭声惊醒另一个孩子，那局面就更难以控制！

一旦宝宝开始四处翻滚，就是时候把他们送到自己的房间去睡了。从那时起，我就在床边的婴儿监视器上对应写下他们的名字。在这一点上，杰夫和我始终保持意见一致，我们都不想晚上有个孩子躺在我们中间。我们想要——不，确切地说是我们需要能够一伸手就触摸到对方。生活本身就充满了挑战，所以更不应该人为地增加障碍，来把我们分开。

我们通过日常接触到的东西来学习。当然，也可以整天告诉孩子们他们需要怎么做或是应该如何做，但结果经常是我们的脸都气绿了，他们也搞不清楚状况。事实上，通过自己看到和经历的东西，孩子们能学得更好。这里有一个很好的例子，就是我的祖父母和我。他们从来没有让我坐下来，向我讲述保持长久、成功和幸福婚姻的秘诀，这都是我从他们身上自然而然学来的。如果你每天晚上都让孩子睡在你和你丈夫中间，想想看，你在给他们传递什么信息？

当然，任何规则都有例外，我也不是怪咖。孩子们生病的时候，他们最需要有父母陪在身边；或者他们做了噩梦，即使开了灯也感到害怕的时候，爸爸妈妈的抚摸会带给孩子最大的安慰。我自然明白这些。

孩子们需要界限，他们需要被教导和展示如何尊重你们夫妻作为父母的界限。我们不应该让孩子越过与婚姻生活有关的界限，卧室的门锁也是婚姻的一重保障。

我给你们举几个例子吧。我有两个朋友，他们已经结婚15年左右，有两个孩子，大的是男孩，13岁，小的是女孩，快10岁。直到今天，两个孩子都没有独立睡觉。他们的女儿就睡在父母的床上，躺在他们中间。至于儿子，就睡在客厅的沙发上。他们俩的生活完全以孩子为中心。当然，他们是我所认识的最投入的父母。这位妈妈在两个孩子的学校里做志愿者，几乎做了一切力所能及的事情。爸爸则担任学校的义务教练，不管是棒球、足球还是体操，他都教。但说到他们夫妻俩的关系呢？那就完全是另一回事了。

现在，让我们看看换一种方式会如何。

这一章的内容会引发一些人强烈抨击，我能预感得到。

在伊森六周大的时候，我们给他找了第一个育儿保姆。我是从教会的托儿所“借”了这么一个人。当然，我认识她和她的家人。那年夏天，我在假期圣经学校（Vacation Bible School）教书（当时我正怀着孕），她帮了我不少忙。把儿子交给她照顾，我觉得很放心。那是自打伊森出生后，我和杰夫第一次出去吃饭。

整顿饭我都在担心伊森。一个半小时的晚饭时光，我给家里打了4次电话。当我们回到家，发现伊森在她怀里睡着了，家里一切正常，既没有着火也没有发水，于是两周后我又雇了她。

她再来的时候，我和杰夫一起出去吃了顿饭、看了一场电影，在这期间我只给她打过一次电话。杰夫和我逐渐找回了享受二人世界的乐趣。我们非常开心，结果没过多久我就发现怀上了艾玛！所以，除了作为丈夫和妻子，我们还要扮演好爸爸和妈妈的角色。如果无法兼顾这两种身份，家庭的下一代将会面临困惑和痛苦，但是不要有压力。

杰夫和我还做过另一件事，不带孩子，去度迷你假期。我知道这句话会让正在读这本书的一些父母想对我“群起而攻之”，但请听我把话说完。我想先问一个问题，希望你好好想一想再回答。你喜欢你的伴侣吗？我完全可以肯定你深爱对方，但你还喜欢他 / 她，还愿意和他 / 她在一起吗？你能想象自己和他 / 她单独出去度周末吗？没有孩子、没有朋友，只有你们两个。除了孩子，你们之间还有什么好说的吗？你会期盼和对方一起出行吗？你想和他 / 她去哪里？

有时杰夫要去某个地方出差几天，我经常选择和他一起去。我们会请我婆婆过来照看孩子，或者找一个育儿保姆来帮忙，这样我们两个就可以单独在一起，这简直太棒了。我甚至没办法用贴切的词汇去形容这种快乐。我们能够重新建立起无比亲密的连接和默契，这对我们的身体和精神来说都充满了新鲜感。

有时我们就住在休斯敦郊外，在孩子们还小的时候，也会找机会在市中心一家超级豪华的酒店住上一晚。各位，我们爱上了这种感觉！虽然只是在离家不远的地方共度一个夜晚，但我们在一起非常开心，就像在世界的另一边度假一样！你可能会想，孩子们怎么办？爸爸妈妈不在家，他们会是什么感觉？他们会感到被遗弃了吗？他们对此很抗拒吗？

不，不，绝对没有。

孩子们会没事的。大多数孩子都喜欢和新朋友出去玩，尤其是如果他们从小就接触不同的人，就会适应得更快。可以把约会之夜、共进晚餐和短暂的过夜旅行看作是一场马拉松的热身运动，来为真正的、远途的、长时间的、只有夫妻二人的假期做好准备。这么多年来，杰夫和我一直有幸能独自外出度假，我们在一起的时光无比珍贵和幸福。

当孩子们 1 岁、2 岁和 3 岁的时候，我们俩去意大利玩了两个半星期，至今我仍然很怀念那里。我们不在的时候，就把孩子们留给了三组不同的爷爷奶奶（姥姥姥爷）来照顾（杰夫的父母早年离婚又各自成家，所以孩子们有三组爷爷奶奶）。我不确定谁最开心，是孩子们，还是他们的祖父母，还是我和杰夫！但我认为，意大利是一个不容错过的旅游胜地。身处异国他乡，除了美妙的风景和难忘的足迹，杰夫和我还体会到了彼此的照顾和相互依赖。我们俩都不会说意大利语，不过我们很快就学会了一个词“vino”（葡萄酒的意思）。哇，我们一起创造了美好的回忆，当然还有令人心醉的“摔跤比赛”！

孩子们长大离开家以后，大部分夫妻都会选择这种外出度假的生活体验，但如果在年轻的时候我们不维系好感情，这一切就无从谈起。

……※……

我有幸和许多妈妈团进行过沟通，从女性朋友那里听到的最可悲的事情之一就是，她们不懂得尊重自己的丈夫，反过来她们的丈夫也不尊重她们。亲密关系不仅仅是身体上的接触，虽然各个家庭的相处方式因人而异，但亲密关系的质量高低肯定会影响你的状态。如果你伤了伴侣的心，那么你需要鼓起多大的勇气才敢触碰他的身体？他又需要做出多么强的心理建设才敢触碰你的身体？

现在很多夫妻之间都存在缺乏尊重的问题，这让我很痛心。尊重是双向的。杰夫和我正在努力教育我们的男孩（有些时候他们表现得很好），要学会非常尊重女孩子。男女总是平等的吗？不，有时候在生活中男女的确是不平等的，但我们还是要坚持女士优先。在世间万物中，女孩子是最特别的存在，她们需要得到相应的重视。即使是自己的姐姐或妹妹，也需要男孩子多加照顾。

夫妻之间互相尊重，或者说，彼此之间缺乏尊重，也呈现出各种各样的形式。

我接触的许多妈妈团都是来自学龄前儿童妈妈组织。这是一个神奇的组织，把家里有幼儿园孩子和更小年龄儿童的妈妈聚集在一起。这些女人被分成若干个讨论小组，她们的话题不可避免地围绕着丈夫展开。这些女人之间的打趣和吐槽，让我不禁想知道她们当初为什么要结婚：

“我丈夫从来没有和孩子一起起床过……从不帮忙带孩子……从不收拾衣服……一到周末，他就出去打高尔夫球……只要我和他妈妈发生争执，他从不帮我说话……还总是取笑我的厨艺……”

当话题一转，聊到夫妻的亲密接触之事时，她又说：“只要他不帮我带孩子，我就不让他碰我！”哎哟，各位，我们的丈夫可不是 5 岁小孩，不需要被妻子开罚单。性不是奖励对方的工具，更不是惩罚对方的武器，而是一种善待对方的礼物。认识到这一点的唯一方法就是用恋爱时的方式看待我们的伴侣，也就是说，带着爱意的滤镜来欣赏他们。

姑娘们，我们的丈夫可不是又高又壮的笨蛋。他们有目标、会计划，他们也有感情。只不过，我们的思路和想法确实存在许多差异。但是，选择在一起的两个人，就是为了互补而设计和创造的，我们就像彼此契合的两块拼图。虽然，有时我们的磁极也会发生“相斥”，但最终，夫妻俩总会调整方向，互相吸引。

我能提一个小建议吗？当你发现自己正在激情迸发地批判丈夫的“十大罪状”时，能不能停下来，喘口气，试着说一些关于丈夫的好话呢？往往只需一句软言细语，就能拯救一场失控的争吵。

听起来很简单，对吧？但如果你真的对丈夫感到很气愤时，又怎么能做到这一点呢？我正好有一个故事，可供大家借鉴。

前段时间，杰夫不得不离开休斯敦，去 3 小时车程之外的圣安东尼奥（San Antonio）出差。这是一个临时分派的任务，我觉得他如果真想拒绝的话，是完全有理由不去的。但他还是决定出差，留下一个非常生气的妻子。出差的第一天，他打电话叫我过去找他。他说我们可以在河边散步，还能游览阿拉莫（Alamo），像其他游客一样做些有意思的傻事。对了，我们还可以在那儿庆祝我的生日。

我告诉他，去他的阿拉莫吧！我早就去过了，鬼才想去陪他！如果他这么想在河边漫步，不妨跳进河水里去游一会儿，我可不想奉陪，然后就挂了电话。

我对自己发射的“连珠炮”感到相当过瘾。就像你永远不会忘记怎么骑自行一样，发脾气也是一件让人手到擒来的事情。杰夫一定听得目瞪口呆，他没有再打电话过来。而我拿起电话，给一个朋友打过去，向她吐槽我嫁给了一个多么愚蠢的人。

我打电话的这位朋友，我们从 18 岁起就非常要好。我敢说，她甚至比我更了解我自己。她知道我最可爱的优点，也了解我最糟糕的缺点。尽管如此，她仍然是我最好的朋友，一有事情我就会打电话给她。我把和杰夫的对话内容转述给她，并对自己处理这件事的方式感到相当自豪。令我没想到的是，她的反应和我期待的大相径庭。

“你疯了吗？”当我终于说完话，刚喘了口气时，她质问道。

“我怎么了？”

“你为什么要对他说那些话？达拉斯，杰夫很爱你。他出去赚钱也是为了你——”

“没错，但是他在我过生日的时候出差了，好像我在他心里完全不重要似的。”

“这就是你丝毫不顾忌他的感受的理由？你不尊重他，然后还好意思把这事儿讲给我听？达拉斯，你应该好好感激上天给了你这个男人。没有丈夫，你又能过成什么样？”

她的话点醒了我，我感到很惭愧。她没有丈夫，也不像我拥有这么多珍贵的上天馈赠，但她却把婚姻看得那么清楚通透，那么明白无误，当她“教训”我时，她的声音因愤怒而颤抖。我预料到她会生气，没想到是冲着我来的。

我立刻给杰夫回了电话，告诉他我第二天早上就到圣安东尼奥，同时，我为我说过的话和对他的指责向他道歉。

各位，与伴侣建立起亲密关系很重要。社会生活的很多方面都在给婚姻之路使绊子，但我们有责任保护好我们和爱人的良性互动。

……※……

当孩子们越来越大，我们不得不想出更隐晦的术语来描述在紧闭上锁的卧室门后发生的事情。刚开始，我们告诉孩子们，我们在“恳谈”。

但我越琢磨越喜欢“摔跤”这个词。

在和麦考伊一家度过那个新年假期之后，这个词有了全新的含义。我想分享一些我学到的东西，比如你可以自己决定“摔跤”这个词是否适合形容夫妻之间的水乳交融。你可能会感到惊讶，因为韦氏在线词典将“摔跤”一词定义为“一项运动或比赛，由两个手无寸铁的人近身搏斗，试图制服对方或使对方失去平衡。”多么神奇，要不要形容得再准确一点？

你曾经被丈夫一下子迷住吗？我有过，他非常令我心动。在房子大翻修的过程中，我有机会见识到杰夫把各种家具拆拆装装的本领。不管做什么，他都非常专注，他认真的神态时常看得我两眼出神、挪不动步。总而言之，我完全被他迷住了。

我看到他把一个房间的吊扇拆了下来，换上了另一个房间的。我只是看着他就被迷住了，现在回想起来，自己都觉得好笑。想想看，你们有没有类似可以从中汲取灵感的时刻？在换尿布、吃晚餐和看球赛的间隙，你能不能抽出一段关于你丈夫的美好记忆，带领你穿越回当时的幸福感受，并用那段记忆启动你的性感按钮？

如果没有，今晚让孩子们早点上床睡觉，再请婆婆来帮忙照看他们，或者在楼上给他们放一部电影，现在就开始制造属于你们夫妻的那个记忆吧！请用心对待你的爱人，在这个瞬息万变的科技世界里，请让他知道你在想他。下午 3 点，给他发个火辣的信息，他就很有可能在下班回家的路上一刻都不磨蹭。还记得结婚前那些长长的晚安吻吗？可以试着在清晨让他带着这份缠绵去工作。每天的第一件事就是启动你们的爱意引擎，然后一整天你都能听见这种缓慢而温柔的嗡嗡声。

我们不需要花三个星期的时间去意大利喝红酒、吃奶酪，以重拾在生了许多孩子的婚姻中失去的浪漫。在家里就能找到需要的所有工具，因为我们真正需要的只是一些想象力和预先计划，以及一颗开放而真诚的心。

试着把对方看作男人或女人，而不仅仅是你孩子的爸爸或妈妈。如果每隔一段时间就创造机会迎难而上，那么你将收获惊人的回报。

姑娘们，想想我们在孩子身上投入的精力和关注。如果我们把三分之一的心思花在丈夫身上，我敢保证，离婚率都会下降。是时候让我们的爱人回归了！自从我和杰夫结婚，我们就是如此——如果你问我家的任何一个孩子，他们是否能感受到来自父母的疼爱、关注和重视，他们会像看疯子一样看着你，然后回答："当然。"但如果你问他们："对爸爸来说，你和妈妈，谁是最重要的？"毫无疑问，他们的回答一定是"妈妈！"

我们的孩子知道我们爱他们，我们告诉他们、拥抱他们、亲吻他们、照顾他们。但他们感受到爱意的最佳方式就是爸爸妈妈相亲相爱。杰夫和我为他们提供了——而且会一直提供——彼此信任和紧密团结的基础，这将使他们终身受益。这就是生活该有的样子：丈夫善待妻子，妻子关爱丈夫。我们是一个整体，未来还有很长的路要一起去走。

后记　松鼠

早些时候，我和杰夫就决定，为了让生活更轻松，我们应该为所有孩子制定同样的规矩，而不是为每个孩子制定不同的标准。这似乎是合乎逻辑的方式。

几年前，当孩子们还小的时候，发生过这样一件事。我在楼上走着，想把任天堂游戏机放回合适的地方，这时我看到了一个根汁汽水[①]罐，而且是一个空罐。这就很奇怪，因为饮料并不放在楼上——而且我们也不允许孩子们把饮料拿到楼上来，尤其是在新地毯铺好之后。无论是哪个淘气包把饮料带到楼上，都将受到一些“残酷”的惩罚。

我捡起那个孤零零的根汁汽水罐，继续往前走，准备放好游戏机。刚走了没几步，我就看到在游戏室的沙发底下塞了一堆衣服。正常来说，衣服不应该出现在沙发下面。于是我把汽水罐和游戏机放在茶几上，弯下腰去够那些“迷路”的衣服。我拽出来一堆袜子、好几个人的内衣、一件泳衣和一条睡裤。当我趴在地上往沙发底下看时，甚至还找到了本应该放在厨房

① 根汁汽水是含二氧化碳和糖的无酒精饮料，盛行于北美洲。最初是用檫木（产于北美东部的一种樟科植物）的根制成。

里的剪刀。

我站起来，把剪刀放进裤子的后口袋，又捡起衣服，拿起根汁汽水罐和游戏机，朝艾玛的浴室走去，因为那里有脏衣滑槽[①]。为了打开亚麻壁橱的门，我不得不把根汁汽水罐先放在洗手台上，它立刻像胶水一样黏在了艾玛的儿童牙膏上。我叹了一口气，把游戏机换到另一只手上，打开柜门，想把衣服扔进脏衣滑槽，但是不行，滑槽被塞满了。

没错，我通常会等到艾玛被迫穿上蜘蛛侠（Spider Man）内裤时再去洗衣服，但还没几天，滑槽里不应该塞得那么满。我开始一件一件地把东西拿出来。一条接一条的毛巾，一条接一条的床单，还有牛仔裤和棋盘游戏（我也不知道他们为什么要把这个放到滑槽里！）。接下来是另一条毛巾，客房里的备用被子（看得出来，大部分根汁汽水都洒在上面了，我在心里提醒自己要去检查一下床上是否还有残余的汽水）。

终于，衣服顺着滑槽滚下去，我能听到它们落到下面的脏衣篮里时发出的脆响。我还听到了乐高积木碰撞滑道的声音。我又捡起刚刚那堆衣服，还有 30 分钟前就该被收好的游戏机。这些衣服也进了滑槽，滚下斜坡，掉进了脏衣篮。我转身去拿游戏机，又去够汽水罐，却发现它黏在了洗手台上，我需要找点工具才能把它抠下来。

我拿着游戏机来到楼下的厨房，把它放在柜台上，打开水

---

① 美国多层小楼的设计，可以把脏衣服扔进滑槽里，通向布草间。

槽下面的橱柜，拿出能把根汁汽水罐弄下来的必要工具，然后回到楼上。在艾玛的浴室里鼓捣了30分钟后，我决定，既然已经把所有工具都拿上来了，那就一鼓作气把儿子们的浴室也清理一遍吧。45分钟后，总算是搞定了。就在穿过伊森的房间时，我闻到一股松子玉米的香味。我在他房间的角落和缝隙里闻来嗅去，试图找到气味的来源，这时我突然感觉自己特别像一只猎犬。

来吧！大奖揭晓！很明显，某一天晚上伊森饿了，他就下楼拿了一袋松子玉米，躺在床上吃了起来。

我一想到他在床上吃东西就觉得很不卫生。而且，他还是睡在一组双层床的上铺，真是要命！

当然，我得换床单。当我把床单从床垫上拉下来时，无数玉米粒在空中飞舞。我满脑子都是放学后要怎么惩罚伊森的奇思妙想。我给他换上干净的床单，捡起地板上抖落的松子玉米，收拾好清洁工具，向楼梯走去。穿过游戏室的时候，哎哟！

乐高积木就是我生活里的魔咒。但凡我穿了拖鞋的时候就从来踩不到它们，只要我光着脚，每次都能至少探测到一个零件。真是太神奇了。

我放下床单和清洁工具，开始收拾乐高积木，把它们扔进玩具筐里。我又弯腰拿好床单和清洁工具，一路走下楼梯，进了洗衣房，把床单放进洗衣机，再穿过客厅来到厨房。等一下。我看到周日的报纸，上面有便利店的优惠券。我确实得去趟便利店。老实说，我最喜欢去商店补货。

我赶紧坐在地板上，翻了翻报纸广告区，发现了一些不错的优惠券。我起身去找剪刀，突然想起刚才在游戏室里见过，于是就回到楼上开始翻找。游戏室里没找到剪刀，但我找到了本应该在艾玛房间里的一套可爱的芭比娃娃（娃娃的衣服不知道哪儿去了）。我收拾好这些东西，朝女儿的房间走去。我在想，那里也许有剪刀，因为艾玛总是有能够应付不时之需的东西。

我把芭比娃娃收好，然后开始找剪刀。剪刀还是没找到，但我找到了一个被打翻的胶瓶。我开始脑补，等到艾玛放学回家，我要给她什么惩罚。

我下楼去拿需要的东西，好把抽屉里的胶水弄干净。回忆一下，这些东西应该在我的浴室里。路过卧室的时候，我发现早晨竟然没有整理床铺，于是我又停下来铺床，捡起杰夫扔在他那一侧床上的臭袜子，把它们放进壁橱的洗衣篮里。正好！脏衣篮又满了。

我坐下来，开始整理衣服。这时我听到洗衣机的提示音，我知道伊森的床单已经洗好，可以进行烘干了。我又拿了一堆衣服到洗衣房，把一批衣物从洗衣机转移到烘干机里之后，再往洗衣机中塞入另一批衣物。

然后，我回到厨房，确认一下时间，发现我必须马上出门去学校接孩子们放学。这时我看到狗碗也是空的，就去车库把碗装满并带回厨房，突然间看到了从那天早上开始就一直没有收好的游戏机！

我把游戏机拿起来，决定这次马上把它放回原处，于是赶紧往楼上走。当我绕过楼梯顶端的拐角时，从眼角的余光，我看到那罐可恶的根汁汽水仍然放在已经打扫干净的浴室台面上。

你们猜，我有没有气到崩溃？

当我伸手去拿汽水罐时，甚至有点期待它会从我手边滑落。值得庆幸，没有再出意外，于是我继续往前走，把游戏机收起来。

任务总算完成了！现在游戏机被妥善地放回埃利奥特的房间里，我拿着根汁汽水罐下了楼梯。看到客厅地板上的报纸，我走过去，放下汽水罐，抬头看了一眼时钟，赶紧跑出门去接马上要放学的孩子们。

当我们四个人走进家门时，伊森把手伸进我裤子的后口袋，拿出 6 小时前我顺手塞进去的剪刀，把它递给我。

艾玛捡起根汁汽水罐，把它扔掉了。

埃利奥特把报纸叠起来，放到杰夫的书房里。

你经历过这样的日子吗？

自从有了孩子，我经历了很多这样的日子。我觉得自己好像从来没有真正完成过任何事情，而是有许多次，兜兜转转之中总会忘东忘西。

这让我想起了几年前看过的迪斯尼电影《飞屋环游记》。我很喜欢这类能让爸爸妈妈也感到幽默有趣的儿童电影，这样的小福利让我们可以不厌其烦“一遍又一遍地”陪孩子们观看。在电影的结尾，一群会说话的狗驾驶飞机追逐道格（Doug，另一只会说话的狗），它们飞来飞去，逐渐逼近片中的英雄。

突然，罗素（Russell，电影里的那个小男孩）冲它们喊道：“松鼠！”

结果，狗狗们在分神寻找那只吸引人的松鼠时，它们的飞机撞在了一起。就是它们的目光从主人公身上移开的一刹那，一切都改写了。在狗狗的世界里，松鼠就是一种会跑跳、会说话、一动就发出声音的高级玩具。狗狗非常喜欢它们，怎么也追不够。虽说狗狗几乎永远抓不到松鼠，但这并不妨碍它们一直尝试。松鼠甚至能让最训练有素、最听话的狗狗偏离日常的工作/生活轨道。

像狗狗一样，我们也执迷于追逐自己的“松鼠”。我花了一整天的时间才把根汁汽水罐和游戏机放到该放的地方——即使这样，最终还是多亏了孩子们的帮助！

……※……

在这本书里，我分享了对如何培养出快乐、健康的孩子的想法，我相信他们三个在未来会成长为多方面发展、对社会有贡献的人。当然，我用的方法并不是唯一的育儿真理，但好在非常适合杰夫和我。

当孩子们还是婴儿的时候，我带他们去公共场合，人们总会问我："你是怎么做到一个人带这么多孩子的？"

那是因为我有一个很强大的朋友圈。在育儿的路上，我从来没有尝试过孤军奋战。

有时，一个人带孩子是很不方便的，的确不应该独自尝试。如果你是一位单亲妈妈，我打心眼里佩服你的勇气。没有人可以和你一起并肩作战——因为你只能如此。但这并不意味着你只能依靠自己。几乎在这个国家的每个城市，你都可以找到某种形式的妈妈团。这些团体中的女性都和你一样，在为某个问题苦苦挣扎。你可以联系并加入一个妈妈团，或者经常往教堂跑跑，我就是在教堂里遇到了一些要好的朋友。

当杰夫和我刚生第一个孩子的时候，我几乎被困在家里，身边也没有家人可以指望。这真的是制造灾难的绝佳方法。后来我的邻居拉我去参加学龄前儿童妈妈组织，从此我的生活得到了改善。我敢说，再怎么强调友谊的重要性也不为过。你需要朋友，你丈夫也需要朋友。否则总有一天，你的家会看起来就像刚刚在客厅里测试核弹头一样满地狼藉。但是没关系。我向你保证，这条街上肯定还有别的妈妈的情况和你不相上下。

我们的孩子只是在一段时间内很幼小，尽管那段时间漫长得好像永远不会结束。拥有一个良好而稳固的朋友圈不仅能拯救你的情绪，还能帮助你找到你自己之前未曾意识到的力量。当你觉得自己无法向前迈进时，朋友们就像是专门为你加油的拉拉队。胆小怕事的人不适合当父母，只有强者才能胜任，但是你能做得到。

当孩子们还是婴儿的时候（想想看，在他们分别刚出生、不到1岁和2岁的时候），教堂里一位和蔼可亲的老太太告诉我："达拉斯，日子很长，但时间过得很快。"我当时翻了个白眼，继续在每天的极限生存模式中挣扎着。等我完成这本书，从头翻看时，我不禁笑了，因为我发现，她是对的。

自从我第一次在验孕棒上看到两条粉红色的细线算起，到现在已经有 20 多年了。没错，20 多年。我清楚地记得那些不眠之夜，还有我疯狂冲着孩子们发脾气的时刻。我记得学校里的课程项目、田径比赛、棒球比赛，以及从他们读幼儿园到一年级再到中学直到高中的毕业典礼。

有些日子非常非常长，但我好像只眨了眨眼，岁月就一去不复返。

在过去的 20 年里，我目睹了世贸中心（World Trade Center）倒塌、王室婚礼，以及形形色色的名人丑闻。我把新生命带到这个世界，也在与家人、朋友和宠物说永别时，眼睁睁地看着生命流逝。我教孩子们说话（后来我曾经希望他们能晚一点再开口说话），也教他们算数、阅读和开车。我很高兴看到他们克服了各种奇怪的童年疾病，却没想到在他们刚刚成年的时候就遭遇了全球性的疫情。我的世界和他们的世界都在不断变化，而这个世界上唯一不可动摇的事实就是，没有什么是一成不变的。

我非常享受养育孩子和做妻子的过程。我对下一个即将到来的角色更加兴奋：有好多孙子的奶奶！但不要太激动，也不要太超前——我还没有完全准备好。不过，我已经进入人生的空巢阶段。我已经把三个孩子都顺利地送到得克萨斯农工大学（Texas A&M University），一个主修核工程，一个攻读教育专业，而年龄最小的那个在商界打拼。杰夫和我计划搬出繁华的大都市休斯敦，去到再往北一点的地方生活，这样我们就可以离孩子们更近了。

尽管如此，回忆起早年的时光，还是让我出了一身冷汗，我忍不住问自己：我是怎么做到的？我想，这一切都是因为我拥有那么多喜悦、好运、真爱，还有无比虔诚的祈祷。此外，我固执的性格可能也有帮助。生活很难，为人父母很难，但每个人都可以做到。

各位朋友，我也祝你们好运，愿你们在做父母的路上玩得开心！

致 谢

感谢杰夫·路易斯。20年来，你一直在我身边，陪伴我、鼓励我。不管我们遇到危险还是麻烦，你都一直保护我。你就像童话里的王子一样，“斩杀”了我在婚姻内外一路遇见的所有“恶龙”。每当我觉得自己力量不强、天资不足、能力不够的时候，你一直站在我身后，支持我往前走。你既是我的丈夫、我孩子的父亲，更是我最信赖的朋友。没有你，我不可能写出这本书。

感谢伊森、艾玛和埃利奥特。这些年来，是你们让我看到了自己最真实的样子。你们每一个人都教会我如何成为更好的人，尽管在做你们母亲的过程中跌跌撞撞，我也和你们共同成长了。我爱你们每一个人，我爱你们的程度可以从这里抵达月球，然后折返回来。[①]

感谢我的父母乔纳森（Jonathan）和卢克丽霞（Lucretia）。你们将我抚养成人，留给我宝贵的人生财富，这些精神值得代代相传下去。我爱你们。

感谢我的妹妹们〔丹妮尔（Danielle）、娜塔莎（Natasha）和克里斯蒂娜〕。如果不是你们，我不可能在我的孩子出生时

① 这句话出自一本亲子儿童绘本《猜猜我有多爱你》。

那样熟练地换尿布。谢谢你们让我学会当妈妈的技巧。

感谢迈克和特丽。希望我没有让你们太难堪。在我为人母最艰难的时候，幸亏是住在你们俩隔壁，有太多次都是你们把我从情绪崩溃的边缘拉了回来。我很感激上帝，把你们俩放在离我最近的地方。

感谢大卫和莱斯利。如果没有你们，我们家和我们的生活走向一定不是像现在这样！你们爱我的孩子就像爱自己的孩子，是你们在他们生病或害怕时照顾他们，也在他们犯错误时管教他们。你们让我看到了什么是真正的友谊。

感谢克里斯蒂安·德比辛（Christianne Debysingh）。你在最后一刻加入了我的团队，并成功挽救了局面。感谢你不辞辛苦的工作和孜孜不倦的付出，才让我和这本书有机会取得成功。我很感激你。遇见你真好！

感谢桑德拉·乔纳斯。我把你放在最后，但绝对不是说你的贡献不重要。我要感谢你，一位最了不起的编辑和出版商——我说过你必须学习一门外语，才能看懂这本书里的得克萨斯州俚语和发音！我很高兴地宣布，你现在已经说得很流利了！我常常回想，过去几年是一段怎样的旅程。你的坚定、耐心和对细节的高度把控对我来说意味着全部。你相信这个项目，甚至在我失去信心的时候你都没有放弃。你一直充满理性、冷静地工作，帮我扫除一切障碍，又保证了在这个过程中没有淹没我的声音。我很感谢你长时间的辛苦付出，更重要的是，我很感激生命里有你，你的善良与温和是当今世界难得一见的瑰宝。

家庭写真集

◀ 我们在夏威夷毛伊岛的日落婚礼

▶ 伊森和我的亲子时光，当时我正怀着埃利奥特

◀ 我的爷爷奶奶

◀ 从左下角起顺时针排列：
杰夫和孩子们；
姥姥（我妈妈）和艾玛；
奶奶（我婆婆）和孩子们

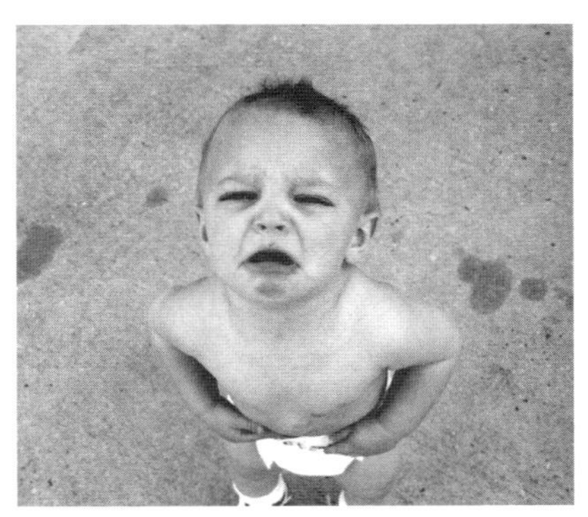

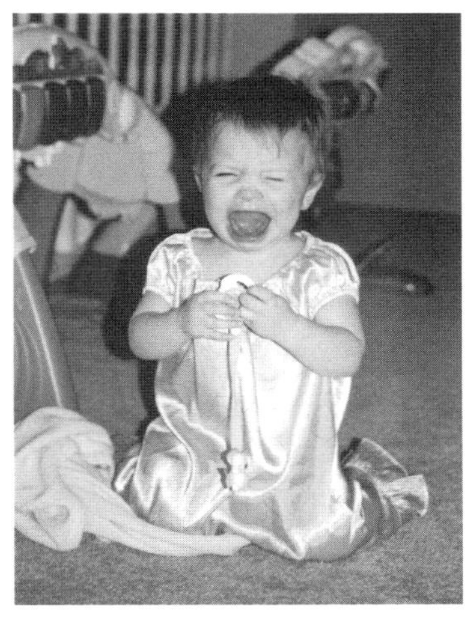

▲ 从左下角起顺时针排列：
不高兴的小家伙，伊森
（受罚时）；
埃利奥特；
艾玛

▲ 孩子们的整个童年时期，我一直都给他们穿得克萨斯长角牛队（Texas Longhorn gear）的队服，结果他们长大后都“背叛”了我，全成了得克萨斯农工大学队（Texas Aggies）的粉丝

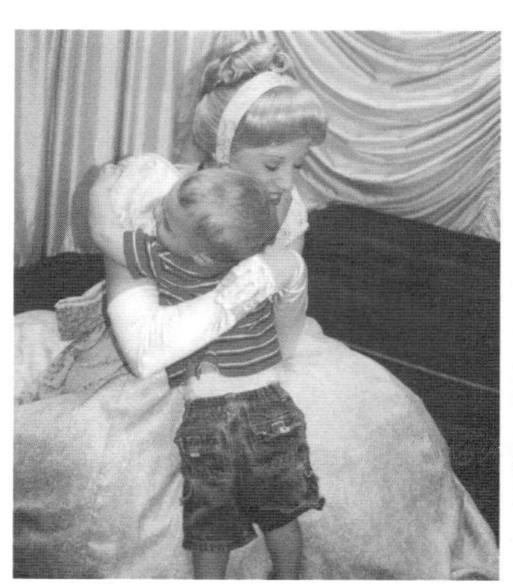

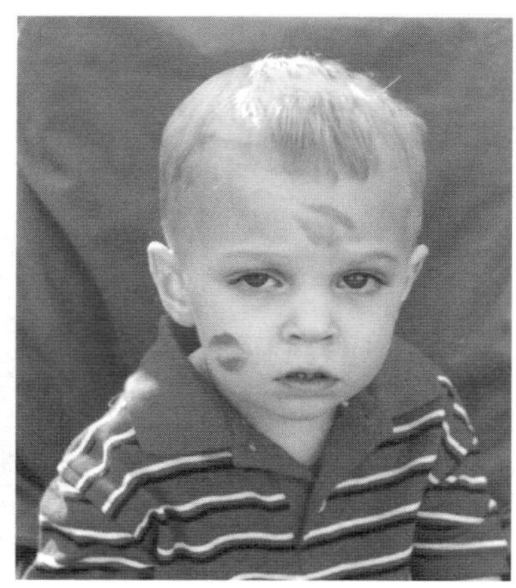

▲ 迪士尼乐园：埃利奥特和灰姑娘（左图），以及离开公主帐篷后的造型（右图）

◀ 在杰夫弟弟的婚礼上，艾玛从旋转楼梯上跳下来的名场面

▶ 炫酷三人组